U0177568

"十三五"职业教育系列教材

通用机电设备装调技术训练教程

主　编　滕士雷

副主编　晏　亮　王　强

参　编　金　琪　马　明　庄金雨

　　　　陈　俊　顾旭松

主　审　侯佑宁

机械工业出版社

本书采用项目化设计,理论浅显、通俗易懂,注重通用机电设备精度检验与调整、设备安装与调试、设备保养及维护技能的培养。本书按结构分为绪论和六个项目,绪论部分主要介绍了通用机电设备装调基础知识,项目一为设备拆卸、清洗及保养,项目二为自动冲压机构和转塔部件的装配与调整,项目三为模具的装配与调整,项目四为二维工作台的装配与调整,项目五为设备模块功能调试,项目六为设备整机功能调试与完善。

本书主要供职业学校机电技术相关专业的学生使用,也可供机电设备管理和维修人员参考。

本书配套 PPT 课件、电子教案及操作视频二维码清单,选择本书作为教材的教师可登录 www.cmpedu.com 注册并下载。

图书在版编目(CIP)数据

通用机电设备装调技术训练教程/滕士雷主编. —北京:机械工业出版社,2019.1(2023.1 重印)

"十三五"职业教育系列教材

ISBN 978-7-111-61562-0

Ⅰ.①通… Ⅱ.①滕… Ⅲ.①机电设备-设备安装-职业教育-教材②机电设备-调试方法-职业教育-教材 Ⅳ.①TH17

中国版本图书馆 CIP 数据核字(2018)第 288910 号

机械工业出版社(北京市百万庄大街22号 邮政编码100037)

策划编辑:赵红梅 责任编辑:赵红梅 张丹丹

责任校对:樊钟英 封面设计:张 静

责任印制:单爱军

北京中科印刷有限公司印刷

2023 年 1 月第 1 版第 5 次印刷

184mm×260mm·12.25 印张·296 千字

标准书号:ISBN 978-7-111-61562-0

定价:39.00 元

电话服务 网络服务

客服电话:010-88361066 机 工 官 网:www.cmpbook.com

010-88379833 机 工 官 博:weibo.com/cmp1952

010-68326294 金 书 网:www.golden-book.com

封底无防伪标均为盗版 机工教育服务网:www.cmpedu.com

前 言

全国职业技能大赛"通用机电设备安装与维护"已经连续举办了三年，赛项的内容紧密结合企业需求，操作技能对接国家职业标准，贴合企业实际岗位能力要求，把机械装配和电气控制系统有效融合，是一个覆盖了钳工、机械设备安装与维护、传感器、驱动器、触摸屏、PLC编程等内容的综合性比赛项目，几乎涵盖了机电类专业人才培养目标中的全部技能和技术指标。此赛项的设立对于检验机电类专业学生的综合能力有非常好的促进作用，对于机电类专业的实习实训、人才培养的综合性提出了较高的要求，有效提高了教师和学生对机电一体化技术的综合应用能力。同时对于机电类专业课程模块的设立、人才培养方案的修订起到了很好的引导作用，对学校的专业建设、课程建设、实训模块的设立等方面都产生了很大的影响，特别是在实训教学模式和教学方法上取得了明显的成效。

此竞赛项目的整个比赛过程由学生独立完成，学生能够把所学到的知识在真实的机床上综合运用，并在规定的时间内，以最快的速度确定工艺和方法，完成竞赛内容。随着赛项的发展，各参赛学校有效地解决了"电的师生不懂机械，机械的师生不会电"的问题，提升了师生的综合能力，最大程度降低了师生在"机械和电"方面的短板，提高了师生"机、电"综合应用能力。从学生培养来看，更是要求学生对机电技术具有很高的综合应用和应变能力，成为真正的机电一体化人才。

本书在编写的过程中将技能大赛的成果在课程中充分体现，并转化为实际应用的教学资源。通过规范成果转化流程，设计科学合理的资源转化方法，在技能大赛成果不断发展与丰富的过程中，实现教学资源与技能大赛成果的无缝对接，使得常规教学能够切实得到技能大赛成果带来的促进作用。

全书以全国职业技能大赛"通用机电设备安装与维护"赛项设备为平台，以三菱系列PLC为主讲机型，从设备拆卸、清洗及保养，自动冲压机构和转塔部件的装配与调整，模具的装配与调整，二维工作台的装配与调整，设备模块功能调试，设备整机功能调试与完善等方面全面介绍了与赛项项目相关的工艺、方法、经验。以"做中学、做中教"为主导思想，采用企业中实际项目的开发过程与方法，引导学生从做项目开始，在做的过程中不断遇到问题、不断学习，不断掌握新知识、新方法，加强学生的自主学习能力。

本书编者均为致力于"通用机电设备安装与维护"赛项研究的专家与教练，他们将近年来指导学生参赛的宝贵经验充分地融入本书当中，可引导读者在今后课程建设与指导大赛的过程中少走弯路。本书由滕士雷任主编，晏亮、王强任副主编，参加编写的还有金琪、马明、庄金雨、陈俊、顾旭松，本书由侯佑宁主审。本书的编写得到了国赛专家组组长宋军民的支持与指导，也得到了浙江天煌科技实业有限公司科研人员的大力支持及无锡机电高等职业技术学校国赛金牌选手周歧跃、过钦杰提供的经验分享，在此一并感谢。

由于编者水平有限，书中难免存在错误与疏漏，恳请广大读者批评指正。

编　者

二维码清单

资源名称	二维码	资源名称	二维码
工作台面安装准备		下模盘参数调试	
下模盘安装调试		链条安装	
冲头高度调整		模具测试	
定位气缸调试		直线导轨的安装与调试	
轴承座安装与芯棒上母线调试		轴承座芯棒侧母线调试	
丝杠上母线与侧母线测量		中滑板与丝杠螺母支座间隙测量	
轴承游隙测量与丝杠安装			

目 录

绪论

本书以全国职业技能大赛"通用机电设备安装与维护"的竞赛设备为实训平台。此实训平台依据加工制造类中等职业学校相关专业教学标准，紧密结合行业和企业需求，操作技能对接国家职业标准，贴合企业实际岗位能力的要求；平台把机械装配和电气控制系统有效融合，满足职业院校加工制造类相关专业所规定的教学内容中涉及现代机械制造技术、机械制图、机械基础、机械设计基础、电工电子技术、自动检测技术、PLC与变频器应用技术、机电设备控制技术、自动控制系统技术、设备电气控制与维修技术、传感器技术、低压电气控制技术、机电设备运行与控制技术等方面的知识和技能要求；通过训练可提高学生在机械制造企业及相关行业一线工艺装配与实施、机电设备的安装与调试、机械加工质量分析与控制、自动控制系统和生产过程领域的技术和管理，以及生产企业计算机控制系统及设备的运行、通用机电设备维护与管理、机电设备的技术销售与制造等岗位的就业能力。

一、设备平台介绍

本实训平台包括机械装调部分和电气控制部分，主要由实训台、电气控制柜（包括电源控制模块、可编程序控制器模块、变频器模块、触摸屏模块、步进电动机驱动模块、伺服电动机驱动模块、电气扩展模块等）、动力源（包括三相交流电动机、步进电动机、伺服电动机等）、二维送料机构（十字滑台）、转塔部件、模具、自动冲压机构、自动上下料机构（仓库）、装调工具、常用量具、钳工台、型材电脑桌等组成。

1. 机械装调部分

（1）实训台（图0-1）　实训台采用钢质双层亚光密纹喷塑结构，平板台面为40mm厚铸件，桌子下方设有储存柜，柜子上方设有两个抽屉，可放置零部件及工、量具等。

（2）二维送料机构（十字滑台）　二维送料机构主要由滚珠丝杠螺母副、直线导轨副、工作台、垫块、轴承、轴承座、端盖等组成，分上下两层，上下层均采用伺服电动机控制，实现工作台的往复运动，上下工作台面均装有接近开关，实现工作台找原点及限位保护功能；可完成滚珠丝杠、直线导轨、轴承及轴承座

图0-1　实训台外观结构

的拆装实训以及两直线导轨之间的平行度、上下层导轨的垂直度、丝杠两端的等高、丝杠与导轨的平行度和对称度等的精度检测实训。

（3）转塔部件　转塔部件分上下两个模盘，设有4个工位，可用来安装不同的模具。它主要由圆锥滚子轴承、上下模盘定位销、上下模盘定位销支架、下模盘下料孔、链轮、链条、上模盘、下模盘、传动轴、轴承座、检验棒、气动定位装置等组成。步进电动机经过链传动带动上下模盘同时转动，实现模具调换的功能；可完成转塔传动部分的装配与转塔同步调整实训。

（4）模具　采用真实数控模具，可真实加工工件；主要由方孔模、圆孔模和腰孔模三种模具组成。

（5）自动冲压机构　自动冲压机构主要由铸件床身、气液增压缸、气动阀和冲头等组成，与转塔部件和模具相配合，实现冲压物料的功能；可完成压力机机构的装配工艺实训。

（6）自动上下料机构（仓库）　自动上下料机构主要由底板、侧板、链轮、交流电动机、带轮、光轴、滑块、链条、防护罩、真空吸盘、成品物料盘和传感器等组成，与二维送料机构相配合，实现物料上下运动的功能；可完成自动上下料机构的装配工艺实训。

2. 电气控制部分

电气控制部分主要包括电气控制柜，由电源控制模块、步进电动机驱动模块、伺服电动机驱动模块、可编程序控制器模块、扩展模块、变频器模块、触摸屏模块等组成。电源控制模块主要由三相电源总开关（带漏电和短路保护）、电源控制继电器、急停按钮和旋钮开关等组成，可实现整台设备的电路控制及安全操作；可编程序控制器模块采用西门子SMART和三菱FX3U两种主机（用户可根据需要任意选配）；变频器模块采用三菱（FR-D720S-0.4K-CHT）变频器；触摸屏模块采用昆仑真彩色触摸屏。

（1）电气控制柜电源总开关操作面板（图0-2）

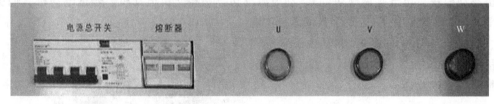

图0-2　电源总开关操作面板

1）电源总开关。带电流型漏电保护，控制实训装置总电源。

2）熔断器。对设备电气主回路起保护作用。

3）电源指示灯。当接通装置的工作电源，并且打开电源总开关时，三个指示灯亮。

（2）电气控制柜主电源操作面板（图0-3）　在打开"三相漏电保护器"的前提下，打开主电源操作面板上的"电源总开关"（即右旋钥匙开关），"停止"按钮红灯亮。按下"启动"按钮，"启动"按钮绿灯亮，"停止"按钮红灯灭，设备的主电源打开。此时再按下"停止"按钮，"停止"按钮红灯亮，"启动"按钮绿灯灭，设备的主电源关闭。

在设备主电源打开的情况下，按下"急停按钮"，会瞬间切断主电源。

（3）电气控制柜控制系统电源操作面板（图0-4）　在设备主电源打开的情况下，"伺服电机"旋钮开关、"交流电机"旋钮开关、"步进电机"旋钮开关、"PLC 主机"旋钮开关和"触摸屏"旋钮开关起作用。

打开主电源操作面板上的钥匙开关，按下"启动"按钮，分别右旋"伺服电机""交流电机""步进电机""PLC 主机"和"触摸屏"的旋钮开关，对应的"伺服电机""交流电机""步进电机""PLC 主机"和"触摸屏"的红色指示灯亮，则对应打开"伺服电机驱动器""交流电机变频器""步进电机驱动器""PLC 主机"和"触摸屏"的电源。

（4）实训台控制面板（图 0-5）

1）"控制方式"旋钮右旋是"自动"运行控制模式，左旋是"手动"运行控制模式。在"手动"控制模式下，

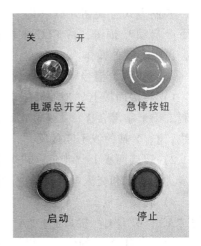

图 0-3 主电源操作面板

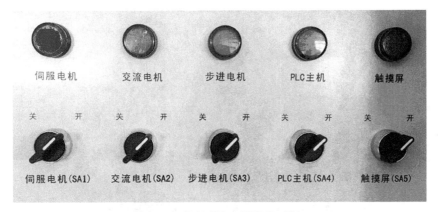

图 0-4 控制系统电源操作面板

可以按下"X 轴+""X 轴−""Y 轴+""Y 轴−"按钮，单独对二维送料机构进行手动控制。

2）在"自动"控制模式下，"启动"和"暂停"按钮分别控制设备的启动运行和暂停。

3）在"控制方式"旋钮处于"自动"模式时，在设备运行中，如出现紧急情况，可以按下"急停"按钮，设备立即停止运行，再次启动需按下"复位"按钮，待各个模块回到相应原点位置，按下"启动"按钮，设备即可重新运行。

4）在调试过程中，为了方便模具调整，将"控制方式"旋钮左旋（即"手动"模式），上、下模盘定位气动装置两气缸伸出，使上、下模盘定位；将"控制方式"旋钮右旋（即"自动"模式），上、下模盘定位气动装置两气缸缩回。电气控制柜通电之前，需按下实训台控制面板上的"急停"按钮，并

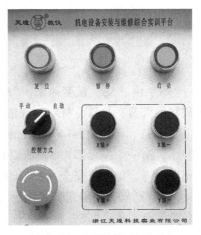

图 0-5 实训台控制面板

将"控制方式"旋钮左旋（即"手动"模式），然后打开电气控制柜上的"电源总开关"，按下"启动"按钮，待 PLC 主机处于工作状态后，释放实训台控制面板上的"急停"按钮，再进行其他操作。

（5）实训台信号转接面板（图 0-6）

1）转接面板上"X 轴伺服电机""Y 轴伺服电机"处各有两根编码线和动力线，分别控制二维十字滑台 X、Y 轴的运动，驱动 X、Y 轴伺服电动机时，需正确地接好编码线和动力线，X、Y 轴的线不能接反。

2）转接面板上"步进电机""交流电机"各有一根控制线，通过平台上的线槽直接连接步进电动机和交流电动机，它们分别由电器柜上的步进驱动器和变频器驱动。

3）转接面板上"A""B""C"分别有一个 9 针 RS-232 串口，分别接在转接端子排上的"A""B""C"接口上。"A""B"串口用于传输传感器的信号并传入 PLC，"C"串口用于输出来自 PLC 的信号，以控制设备上的电磁阀并提供 24V 直流电源来为传感器和电磁阀供电。

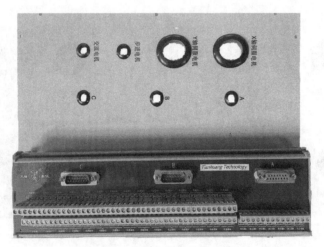

图 0-6 实训台信号转接面板

二、企业现场管理"7S"

1. 企业现场管理"7S"的由来

"7S"由"5S"演变而来。"5S"起源于日本，是日本企业独特的管理办法，是指在生产现场将人员、机器、材料、方法、信息等生产要素进行有效管理。因为整理（Seiri）、整顿（Seiton）、清扫（Seiso）、清洁（Seiketsu）、素养（Shitsuke）是日语外来词，在罗马文拼写中，第一个字母都为 S，所以日本人称之为"5S"。近年来，随着人们对这一活动认识的不断深入，加入了安全（Safety）、节约（Save），称为"7S"。

"7S"活动是企业现场各项管理的基础活动，它有助于消除企业在生产过程中可能面临的各类不良现象。"7S"活动在推行过程中，通过开展整理、整顿、清扫等基本活动，使之成为制度性的清洁，最终提高员工的职业素养。因此，"7S"活动对企业的作用是基础性的，是环境与行为建设的管理文化，它能有效解决工作场所凌乱、无序的状态，有效提升个人行动能力与素质，有效改善文件、资料、档案的管理，有效提升工作效率和团队业绩，使

4

工序简洁化、人性化、标准化。

将"7S"这种企业文化引进机械装配与调试实训，是实现企业文化与校园文化有效对接的手段之一，可使机械装配与调试实训更具有企业生产过程的真实性，提高实训成效，提升学生的职业素养。

1S——整理：将工作场所的所有东西区分为有必要的与不必要的；把必要的东西与不必要的东西明确地、严格地区分开来；不必要的东西要尽快处理掉。

整理有助于树立正确的价值意识，即关注物品的使用价值，而不是原购买价值。整理能够腾出空间，防止误用、误送，以塑造清爽的工作场所。

2S——整顿：将整理之后留在现场的必要的物品分门别类放置，排列整齐；明确数量，有效标识。

整顿有助于使工作场所一目了然，营造整整齐齐的工作环境，减少找寻物品的时间，消除过多的积压物品，这是提高工作效率的基础。

3S——清扫：将工作场所清扫干净，并保持干净、亮丽。

清扫就是使实训室变得没有垃圾，没有脏污。虽然已经整理、整顿过，要的东西马上就能取得，但是被取出的东西要达到能被正常使用的状态才行。而达到这种状态就是清扫的第一目的，尤其目前强调高品质、高附加价值产品的制造，更不容许有垃圾或灰尘的污染，造成品质不良。通过责任化、制度化的清扫，消除脏污，保持实训室内干净、明亮，可稳定装配产品品质，并有效减少工作中的伤害。

4S——清洁：将上面3S实施的做法制度化、规范化，以维持以上3S的成果，使现场保持完美和最佳状态，从而消除发生安全事故的根源，创造一个良好的工作环境，使学生能愉快地工作。

5S——素养：通过实训前列队检查、实训结束前小结等，提高学生文明礼貌水平，增强团队意识，养成严格遵守规章制度的习惯和作风。没有人员素质的提高，各项工作就不能顺利开展，开展了也坚持不了。因此，素养是"7S"的核心。

6S——安全：减少隐患，排除险情，预防事故的发生，保障师生的人身安全，保证生产连续、安全、正常地进行，同时减少因安全事故而带来的经济损失。

7S——节约：就是对时间、空间、能源等方面合理利用，以发挥它们的最大效能，从而创造一个高效的，物尽其用的工作场所。

2. 推行"7S"管理

推行"7S"现场管理，其思路简单、朴素，针对每位员工的日常行为提出要求，倡导从小事做起，力求使每位员工都养成事事"讲究"的习惯，从而达到提高整体工作质量的目的。

1S——整理实施要点：对自己的工作场所（范围）进行全面检查，包括看得到和看不到的；制定"要"和"不要"的判别标准；将不要的物品清除出工作场所；对需要的物品调查使用频度，决定日常用量及放置位置；制定废弃物处理方法；每日自我检查。

2S——整顿实施要点：1S整理的工作要落实；需要的物品明确放置场所并摆放整齐、有条不紊；地板划线定位，场所、物品标识，做到定点——放在哪里合适，定容——用什么容器，什么颜色，定量——规定合适的数量；制定废弃物处理办法。

3S——清扫实施要点：建立清扫责任区（室内外）；执行例行扫除，清理脏污；调查污染源,并予以杜绝或隔离;建立清扫标准,作为规范;每月一次大清扫,每个地方都要清洗干净。

4S——清洁实施要点:落实前3S工作;制定目视管理的标准;制定"7S"实施办法;制定考评、稽核方法;制定奖惩制度,加强执行。

5S——素养实施要点:进入实训室必须穿工装,女生需戴工作帽;根据实训室有关规则、规定做事;遵守礼仪守则;推动各种精神提升活动(课前、课结束时例会,例行打招呼、礼貌运动)等;对遵守相关规章制度的人予以各种激励。

6S——安全实施要点:严格遵守各项安全管理制度;学习规范操作技能;全员参与,排除隐患,重视预防。

7S——节约实施要点:能用的东西尽可能利用;以主人翁的精神对待实训室内的资源;丢弃物品前要考虑其剩余使用价值,养成勤俭节约的习惯。

3. 推行"7S"现场管理的考核内容

机械装配与调试实训中,推行"7S"现场管理的考核内容见表0-1。

表0-1 机械装配与调试实训室"7S"管理评分表

序号	项目	评分标准	配分	学生评分	指导老师评分	实训管理员评分	综合评分
1	整理	区域划分清楚,并有固定标识	5				
2		设备设施安装整齐	3				
3		非必需品清除干净	2				
4	整顿	物品摆放整齐	5				
5		物品放置规范	5				
6		工具、量具等物品按使用要求放到相应位置	5				
7		拆下或需要装配的零部件按拆装顺序有序、整齐地摆放	10				
8		工具、量具等使用完毕置于规定的位置	3				
9		废弃物处理环保化	2				
10	清扫	工作环境无垃圾,地面、墙面、窗门、顶棚干净整洁	5				
11		设备及工作台面清洁,工作结束时打扫和整理	5				
12	清洁	上面的3S有规定的制度,实施经常化,每天达到要求	5				
13		区域内环境舒适,通风良好	2				
14		有体现机械装配与调试特色的文化布置,文化氛围浓厚	2				
15	素养	有关规则、制度明确并上墙	2				
16		建立例会区和岗前例会制度	2				
17		建立使用情况记录台账	2				
18		按岗位要求着工作装、工作鞋、工作帽,必要时使用保护器具	3				
19		教师教学准备充分,在做中教,效果良好	5				
20		学生出勤纪律好,学习积极主动,严格按规程操作	5				

（续）

序号	项目	评分标准	配分	学生评分	指导老师评分	实训管理员评分	综合评分
21	安全	工位数量足,设备完好	2				
22		电源安全并有保护设施,电线走向合理	2				
23		消防设施齐全,并能熟练使用,设置安全通道并有明显标识	2				
24		实训室内通风良好,需要水源的区域,管道通畅,开闭自如	2				
25		危险品按照要求存放和使用	2				
26		有防止意外伤害事故的告诫措施;发生工伤事故,及时处理	2				
27		实训室内财产、设备保卫良好,没有被偷盗等事故	2				
28		制定有应急预案	2				
29	节约	充分利用实习课时,保持实习训练的高效	2				
30		丢弃物品前考虑其是否还有使用价值,使物尽其用	2				
31		及时关闭水、电等	2				
合计			100				

三、通用机电设备安装与调试的工、量具使用方法（表 0-2）

表 0-2 通用机电设备装配工、量具的使用方法

序号	名称	功能	样图	正确使用方法
1	公制内六角扳手	这是一种常见的安装与拆卸工具		要选择正确型号,短头放入螺栓,手握长头转动
2	螺钉旋具	这是一种用来安装与拆卸螺钉的简单工具		要选择正确型号,手握橡胶手柄转动
3	扳手	这是一种常见的安装与拆卸工具		使用扳手时,拉力作用在开口较厚的一边,右手握柄,缓慢转动
4	拉马	用于拆卸带轮、轴承等		使用时,将螺杆顶尖定位于轴端顶尖孔调整拉爪位置,使拉爪挂在轴承外环,旋转旋柄使拉爪带动轴承沿轴向向外移动而拆除

（续）

序号	名称	功能	样图	正确使用方法
5	套筒	用于安装与拆卸轴承的一种简单工具		要选择正确型号,拆卸时对准轴承外圈,安装时对准轴承内圈,用榔头敲击端面
6	钳工锤	敲击物体使其移动或变形的工具		使用时,一般右手握锤,从挥锤到击锤全过程,手一直握紧锤柄
7	直角尺	直角尺是一种专业量具,简称角尺,在有些场合还别称为靠尺,是用于机床、机械设备及零件的垂直度检验,安装加工定位,划线等的重要工具		使用时,将直角尺靠放在被测工件的工作面上,用光隙鉴别工件的角度是否正确
8	杠杆百分表	将尺寸变化为指针角位移,并指出长度尺寸数值的计量器具,用于测量工件几何形状误差和相对位置的正确性		手动转动转盘,观察指针能否对准零位 测量时,杠杆百分表与被测量面成15°夹角
9	钟式百分表	用于测量工件的几何形状误差和相对位置误差等		手动转动转盘,观察大指针能否对准零位 测量时,百分表垂直于被测量面
10	铜棒	用于敲击零件使其移动且不容易使零件变形的一种工具		手握铜棒一头,敲击零件时应缓慢,轻轻敲击
11	量块	是机器制造业中控制尺寸的最基本量具,是从标准长度到零件之间尺寸传递的媒介,是技术测量上长度计量的基准		量块必须经过检定,并有合格证书,移动量块时,要缓慢移动,不能敲击,以防损坏
12	尖嘴钳	其结构主要由钳头和套有绝缘管的钳柄组成,是电工常用的剪切或夹持工具		使用时,手离金属部分的距离应不小于2cm 钳头部分尖细,且经过热处理,钳子所夹的物体不过大,用力时切勿太猛

（续）

序号	名称	功能	样图	正确使用方法
13	剪刀	用于剪切铜皮、导线的一种工具	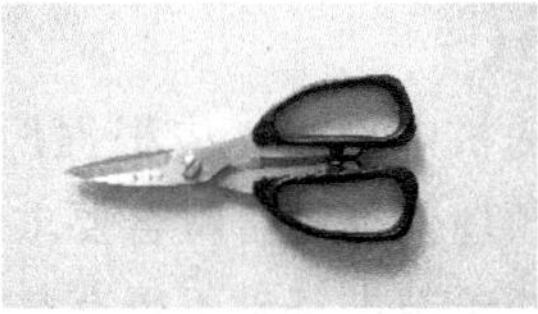	使用时手握手柄，远离金属部分 使用时注意安全
14	磁性表架	固定杠杆百分表、钟式百分表的一种工具	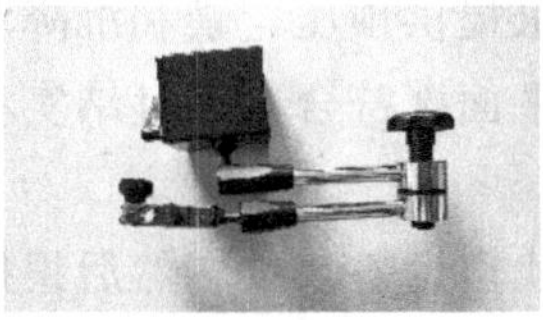	底座吸在一个固定位置，架好后应不能晃动表架，可通过表架上的旋钮调节方向
15	深度游标卡尺	用于测量零件的深度尺寸或台阶高低和槽的深度	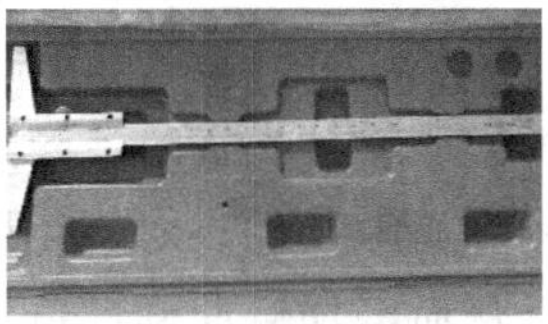	测量时要检查零点 搞清楚卡尺量程 使用时要轻拿轻放 测量基面和尺身端面应垂直于被测量表面并贴合紧密
16	游标卡尺	是一种测量长度、内外径、深度的量具	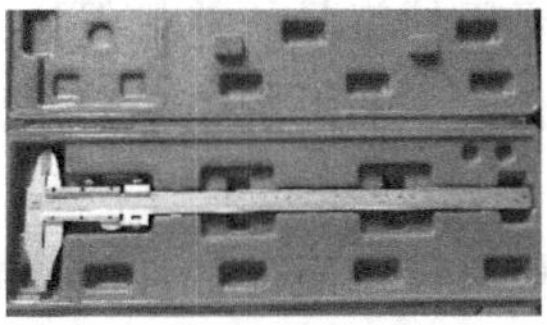	右手正面握尺，用拇指推动游标，左手持物 测量时要检查零点 要弄清楚读数方法
17	扭力扳手	在拧转螺栓或螺母时能显示所施加的力矩；或者当时施加的力矩达到规定值后，会发出光或声响信号	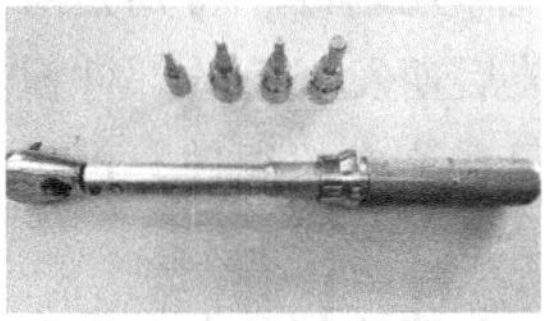	确定螺栓所需最大力矩 使用扭力扳手应平稳、缓慢转动
18	轴承游隙测量工具	是测量轴承内外间隙的一种工具	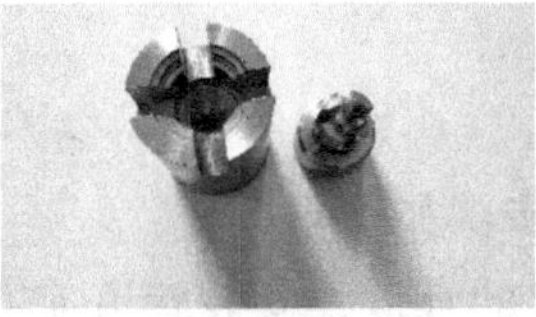	放好轴承后不能移动此工具 用杠杆百分表测量时，测量4个点
19	外径千分尺	简称千分尺，是比游标卡尺更精密的长度测量仪器		使用时，一只手拿千分尺的尺架，将待测物置于测砧与测微螺杆的端面之间，另一只手转动旋钮。当螺杆要接近物体时，改旋测力装置，直至听到"咯咯"声
20	塞尺	是用于检验间隙的测量器具之一，俗称测微片或厚薄规		将塞尺插入被测间隙中，来回拉动塞尺，感到稍微有阻力时，说明该间隙值接近塞尺上所标出的数值

四、机电设备装调的一般步骤

1. 设备基础的安装

对需要设备基础的机电设备,应根据厂家要求浇筑设备基础,之后核对基础的几何尺寸、标高、水平度、预埋件等是否符合要求;检查基础表面有无蜂窝、露筋及裂纹等缺陷;检查基础密实度,用锤子敲击基础不得有空洞声音。对于大型设备或高精度设备及冲压设备的基础,还应根据要求提供预压记录和沉降观测点。对仅需要工作台面的机电设备,应提供几何尺寸、水平度、平面度符合要求且结实稳固的工作台面。

2. 设备拆箱、核对装箱清单

设备拆箱后,先找出设备清单,然后根据设备清单,一一核对。如果有缺少的部件,要及时和厂家联系补足。

3. 装配前的准备工作

准备好装配所需要的所有技术资料、图样。

准备好装配所用的合格零部件。对所使用的零部件进行检查、检测,尽量确保没有已损坏的元器件进入装配,从而增加后期调试负担。

准备好装配所需要用的工具,并且保证工具都是安全可靠、性能稳定的,比如尖嘴钳等电工工具,一定要检查其手柄上的绝缘套是否完好。

4. 安装机电设备的硬件部分

安装时先规划好整个设备硬件部件的安装顺序,包括机械部分、气压系统、液压系统中各个元部件都要事先整体规划好,特别是对于部件没有固定位置的,更要事先规划好安装位置,否则会造成到安装后期发现有的部件没有安装的地方了。摆放布局要做到合理、美观、层次分明。气压、液压系统中的硬件,进出气/油口要做好保护,防止杂质进入。

5. 进行机电设备电气系统的接线

按图正确布线,在线的两端套上标号头,以方便日后维修排故;正确接线,接线要符合国家规范,正确牢固。

6. 机电设备气压/液压系统管路的连接

气压系统的安装步骤如下:

1)选择符合要求的管道,安装管道前需要先清理粉尘杂质。

2)准备进行管道连接,把系统中各个气缸(或气马达)的位置都放在最长行程位置,再进行管道连接。管道安装要紧固、密封,排布要遵循最短原则。对于气缸等运动部件一定要留有足够的余量,使不妨碍其运动。对软管部分要把管路整理好,每隔5cm左右用一根扎带固定,整个气路部分要做到连接美观、科学,减少转弯,要设置排污口、检修口,安装压力及流量监测装置。

3)管道安装后要进行"空吹"与"放炮"清渣。

液压系统的安装步骤如下:

1)选择符合要求的管道,安装前每根管道都必须用压缩空气吹干净,通油清洗,并且把管接头两端用生料带包扎好。

2)准备进行管道连接,把系统中各个液压缸(或液压马达)的位置都放在最长行程位置，再进行管道连接。安装管道要根据规范进行，最终要求安装要紧固、密封。

3）管路安装完毕后要进行全面清洗，以去除管道里面的焊渣、残渣，以求达到要求的油液污染物等级标准（NAS）级别。最好用系统工作时使用的油液清洗，特别是液压伺服系统，最好要经过几次清洗来保证清洁。清洗用的油不能再次使用。清洗过程中，可以检查油路是否有泄漏，如有则进行检修。油箱要加装空气滤清器，给油箱加油要用滤油机，对外露件应采取防尘密封措施，并经常检查，定期更换。

4）清洗结束后，给油箱加液（必须是符合要求的油液）到要求的液面高度。

7. 连接 PC 机

系统安装结束后，需要用 PC 机将其连入系统，建立通信。

8. 调试

气压系统的调试步骤如下：

1）检查各管路是否连接牢固，密封性能是否良好，尤其注意接头处及焊接处。

2）把压力阀调节到适宜的数值，接气。再次检查系统有无漏气发生，如有则需要进行检修。

3）先对气压系统中的单个元件进行调试。手动检查各个控制阀控制的气缸（动力机构+执行机构）是否运行正常，动作有无反向，如果有，要重新接气路或者电路。

与电器配合检查。调整自动工作循环或动作顺序，检查各动作的协调和顺序是否正确；检查启动、换向和速度换接时运动的平稳性，不应有爬行、跳动和冲击现象。调节流量阀到适当的位置，使系统工作比较平稳。

4）进行空载联动调试。空载运行时一般运行时间不少于 2h，期间检查各动作是否协调，注意检查压力流量和温度的变化是否正常。如发生异常情况，应立即停车检查，待故障排除后才能继续运转。

5）负载联动调试。负载联动调试应分段加载，一般运行时间不少于 4h，分别测出有关数据，记入试运行记录。如发生异常情况，应立即停车检查，待故障排除后才能继续运转。

液压系统的调试步骤如下：

1）将系统中的调速阀类设置到较小流量，将各个压力安全阀类调到较小保压范围，以免发生事故（这是在开启液压泵之前做的工作）。

2）环境温度在 10℃ 以下时，要采取预热措施，并降低溢流阀的设定压力，使液压泵负荷降低；当油温升到 10℃ 以上时，再进行正常运转。

3）间歇起动液压泵，使整个系统的滑动部分得到充分的润滑，使液压泵在卸荷状况下运转（如将溢流阀扭松；或使 M 型换向阀处于中位等），调节液压泵的溢流阀，使液压泵的工作压力比液动机最大负载时的工作压力大 10%~20%。检查液压泵卸荷压力的大小是否在允许数值内，一般调节泵的卸荷阀，使其比快速行程所需的实际压力大 15%~20%；观察其运转是否正常，有无刺耳的噪声；油箱中是否有过多的泡沫，液位高度是否在规定范围内。

4）液压系统单个元件动作调试。手动检查各个控制阀控制的液压缸或液压马达（动力机构+执行机构）是否运行正常。全面检查液压系统的各液压元件，各种辅助装置和系统内各回路的工作是否正常；工作循环或各种动作的自动换接是否符合要求。

5）进行空载联动调试。使系统在无负载状况下运转，先将液压缸活塞顶在缸盖上或使运动部件顶牢在挡铁上（若为液压马达，则固定输出轴），或用其他方法使运动部件停止，将溢流阀逐渐调节到规定压力值，检查在调节过程中溢流阀有无异常现象。其次让液压缸以最大行程多次往复运动或使液压马达转动，打开系统的排气阀排出积存的空气；检查安全防护装置（如溢流阀、压力继电器等）工作的正确性和可靠性，从压力表上观察各油路的压力，并调整安全防护装置的压力值使其在规定范围内；检查各液压元件及管道的外泄漏、内泄漏是否在允许范围内；空载运转一定时间后，检查油箱的液面下降是否在规定范围内。

由于油液进入了管道和液压缸中，会使油箱液面下降，下降过低甚至会使吸油管上的过滤网露出液面，或使液压系统和机械传动部分因润滑不充分而发出噪声，所以必须及时给油箱补充油液。对于液压机构和管道容量较大而油箱偏小的机电设备，尤其需要注意这个问题。

与电器配合检查，调整自动工作循环或动作顺序，检查各动作是否协调，顺序是否正确；检查启动、换向和速度换接时运动的平稳性，不应有爬行、跳动和冲击现象。调节流量阀到适当的位置，使系统工作比较平稳。

液压系统连续运转一段时间（一般是30min），检查油液的温升应在允许规定值内（一般工作油温为35~60℃）。空载调试结束后，方可进行负载调试。

关于在运转调试中液压油的温度问题，要十分注意，一般液压系统最合适的温度为40~50℃，在此温度下工作时液压元件的效率最高，油液的抗氧化性处于最佳状态。如果工作温度超过80℃，油液将发生早期劣化（每增加1℃，油的劣化速度增加2倍），还将引起黏度降低，润滑性能变差，油膜容易破坏，液压件容易烧伤等。因此液压油的工作温度不宜超过80℃。当超过这一温度时，应停机冷却或采取强制冷却措施。

6）进行负载联动调试。通过负载调试试车检查系统能否实现预定的工作要求，如工作部件的力、力矩或运动特性等；检查噪声和振动是否在允许范围内；检查工作部件运动换向和速度换接时的平稳性，不应有爬行、跳动和冲击现象；检查功率损耗情况及连续工作一段时间后的温升情况。

负载联动调试一般是先在低于最大负载的一两种情况下试车，如果一切正常，则可进行最大负载试车，这样可避免出现设备损坏等事故。同样，运行过程中也需要密切注意系统温度，当液压油的工作温度超过80℃时，应停机冷却或采取强制冷却措施。

7）液压系统试压。液压系统试压的目的主要是检查系统、回路的漏油和耐压强度。系统的试压一般都采取分级试验，每升一级检查一次，逐步升到规定的试验压力，这样可避免发生事故。

试验压力的选择：中、低压应为系统常用工作压力的1.5~2倍，高压系统为系统最大工作压力的1.2~1.5倍；在冲击大或压力变化剧烈的回路中，其试验压力应大于尖峰压力；对于橡胶软管，在1.5~2倍的常用工作压力下应无异常变形，在2~3倍的常用工作压力下不应破坏。

五、机电设备装调工作的安全常识

进行机电设备装调工作时，需要注意的安全常识如下：

1）进行装调工作前，应检查工具的绝缘手柄、电工鞋和绝缘手套等安全用具的绝缘性能是否良好，有问题的应立即更换，并应定期检查。

2）进行装调工作时，要穿好工作服、电工鞋，戴好工作帽，特别是女同志的长头发一定要扎起来并戴好工作帽。

3）设备有基础时，特别是大型设备，一定要保证基础建设牢固稳定，且基础要保证可靠接地。

4）装调设备时，元件的安装要牢固，如果只是暂时放置，以规划布局，更要妥善放置，防止倒下，砸到人或其他设备元件都是危险的。

5）各元件的安装一定要牢固。如果是用螺钉固定，需要4个螺钉就固定4个，切不可图省事，仅固定3个，甚至只对角装2个，这对系统是有很大隐患的；如果用焊接方法固定，要注意焊接牢固，不能有虚焊，焊接时要注意安全。

6）接线时一定不能带电操作。电路接线都要符合国家安全规范。特别是电线与接线端子之间安装要牢固、美观，不要有漏铜现象。有断线需要连接处一定要用绝缘胶布包好。

7）在设备调试过程中，使用万用表测电阻、电压要使用正确档位、量程。

8）开启气压/液压系统前，务必检查压力阀的设定值。

9）液压系统的安装过程要无尘。

10）要密切注意液压系统的温度，当液压油的工作温度超过80℃，或者出现突然快速升温的情况时，应停机冷却或采取强制冷却措施。

项目一

设备拆卸、清洗及保养

> **项目概述**

　　本书以 THMDZW-2 型机作为通用机电设备装调与维护实训装置，通过下面的练习可以使学生更好地了解本设备的拆卸顺序以及拆卸规范，能够独立进行设备的清洗操作并能够处理在操作中出现的一些常见问题，并学会对一些设备进行简单保养。保养可以延长设备的使用寿命，间接节约维护成本，同时对于一些机电设备，维护保养还可起到避免生产事故的作用。不经常维护保养的设备，很容易因局部零件的损坏而造成重大生产事故。

> **项目目标**

1. 知识目标

1）掌握二维工作台及转塔部件的拆卸工艺流程。

2）掌握二维工作台丝杠组件的正确拆卸方法。

3）熟悉正确清洗及保养的规范要求。

4）熟悉零件摆放的标准。

2. 能力目标

1）会正确、安全地使用各类工具。

2）能正确拆卸二维工作台及转塔部件。

3）能规范清洗及保养各零件。

> **项目分析与工作任务划分**

1）能够读懂自动冲压机构和转塔部件的装配图，二维工作台部件的装配图。通过装配图了解零件之间的拆卸关系。

2）理解图样中的技术要求，根据技术要求和零件的结构进行正确拆卸（表 1-1）。

① 掌握下模盘的拆卸方法。

② 掌握链条及相关机构的拆卸方法。

③ 掌握模盘定位机构的拆卸方法。

④ 掌握二维工作台的拆卸方法。

表 1-1 零件的拆卸

序号	项目	内容	工具
1	二维工作台的拆卸	防护设施	十字螺钉旋具
		传感器	
		气动夹爪	内六角扳手、呆扳手
		X 轴及 Y 轴伺服电动机	
		上滑座	内六角扳手、月牙扳手、呆扳手、套筒、拉马、钳工锤
		丝杠二组件	
		中滑板轴承座	
		中滑板	内六角扳手
		导轨	
		丝杠一组件	内六角扳手、月牙扳手、呆扳手、套筒、拉马、钳工锤
		底板轴承座	
		导轨	
		底板	
2	转塔的拆卸	防护设施	十字螺钉旋具
		链条	尖嘴钳
		定位气缸组件	十字螺钉旋具、内六角扳手
		下模盘	内六角扳手、棘轮扳手
		下料口	
		模具	
3	清洗钢件	丝杠	煤油、毛刷、毛巾
		导轨	
		角接触轴承	
		模具	
		下模盘	
4	清洗铸铁件	上滑座	煤油、毛刷、毛巾、磨石、油壶
		中滑板	
		底板	
		轴承座	
		工作台	
5	保养	导轨	润滑油
		丝杠	
		链条	

▶ 设备简介

1）根据任务要求、参考图样及技术标准，完成二维送料部件、转塔部件及模具的拆卸。设备拆卸效果如图 1-1 所示。

2）根据任务书的要求及技术标准，完成零件的清洗及保养，如图 1-2 所示。

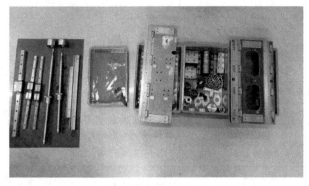

图 1-1 设备拆卸效果

图 1-2 清洗及保养示意图

▶ 知识链接

1. 机械拆卸的基本原则

各种机械都有一定的拆卸顺序，一般是从整体到各总成，从总成到各部件，从部件到各个零件；从外部到内部；从上部到下部；从附件到主机；从简单到复杂。拆卸机械必须注意做好以下几项工作：

1）拆卸前必须先弄清楚构造和工作原理（仔细阅读 THMDZW-2 型机通用机电设备装调与维护实训装置说明书）。机械设备种类繁多，构造各异，应弄清所拆部分的结构特点、工作原理、性能、装配关系，做到心中有数，不能粗心大意、盲目乱拆。对不清楚的结构，应查阅有关图样资料，搞清装配关系、配合性质，尤其是紧固件的位置和退出方向。

2）拆卸前做好准备工作。准备工作一般包括：拆卸场地的选择、清理，断电、擦拭、放油，对电气、易氧化、易锈蚀的零件进行保护等。

3）从实际出发，可不拆的尽量不拆，需要拆的一定要拆。为减少拆卸工作量和避免破坏配合性质，对于尚能确保使用性能的零部件可不拆，但需进行必要的试验或诊断，确保无隐蔽缺陷。若不能肯定内部技术状态如何，必须拆卸检查，确保维修质量。

4）使用正确的拆卸方法，保证人身和机械设备安全。拆卸顺序一般与装配顺序相反，先拆外部附件，再将整机拆成总成、部件，最后全部拆成零件，并按部件汇集放置。根据零部件连接形式和规格尺寸，选用合适的拆卸工具和设备。对不可拆的连接或拆后降低精度的接合件，拆卸时必须注意保护。

5）对轴孔装配件应坚持拆与装所用的力相同的原则。在拆卸轴孔装配件时，通常应坚持用多大的力装配，就用多大的力拆卸，若出现异常情况，要查找原因，防止在拆卸中将零件碰伤、拉毛，甚至损坏。

6）拆卸应为装配创造条件。如果技术资料不全，必须对拆卸过程进行有必要的记录，以便在安装时遵照"先拆后装"的原则重新装配。拆卸精密或结构复杂的部件，应画出装配草图或在拆卸时做好标记，避免误装。

7）拆卸零件的清洗。零件拆卸后要彻底清洗，涂油防锈，保护加工面，避免丢失和破坏。细长零件要悬挂，注意防止弯曲变形。精密零件要单独存放，以免损坏。细小零件要注意防止丢失。对不能互换的零件要成组存放或打标记。

2. 机械拆卸的注意事项

1）不要盲目拆卸。拆卸机械，要根据任务要求进行分析研究，可不拆的部分尽量不拆。一般来说，多拆卸一次，机械就多一次磨损。

2）要使用合理的工具。拆卸机械的工具应该标准化，以免损坏零件。例如拆卸螺栓、螺钉，应尽量使用标准化工具，不要使用活扳手，以免损伤螺母的棱角。

3）要准备好存放零件的用具，如洗件用的油槽、油盆等。要按类按系存放零件。不用油洗的、精密的、贵重的零件，要单独存放，分别保存。

4）拆卸零部件，要注意核对记号，对成对的零件，尽量按原配合结构串、套在一起，不要弄乱。

5）拆卸机械之前，还要准备好各种必要的量具和记录用的纸笔。

3. 常用的拆卸方法

在拆卸过程中，应根据零部件结构特点的不同，采用相应的拆卸方法。较为常用的拆卸方法有：击卸法、拉拔法、顶压法、温差法和破坏法等几种。本任务中主要运用击卸法和拉拔法。

（1）击卸法 如图 1-3 所示，击卸法是利用锤子或其他重物在敲击或撞击零件时产生的冲击能量，把零件拆下来。

（2）拉拔法 如图 1-4 所示，拉拔法是一种静力或冲击力不大的拆卸法。因此对于那些精度较高，不允许敲击或无法用击卸法拆卸的零件，拉拔法是较合适的拆卸方法。此法不易损坏零件，并且操作时也安全。根据拉拔的零件不同，其拉拔工具和方法也不一样。如典型的拉拔法拆卸是用拉马拆卸滚动轴承。

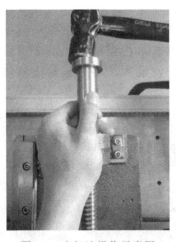

图 1-3 击卸法操作示意图

图 1-4 拉拔法操作示意图

（3）顶压法 顶压法是利用螺旋 C 型夹头、机械式压力机、液压压力机或千斤顶等工具和设备进行拆卸，适用于形状简单的过盈配合件。

（4）温差法　拆卸尺寸较大、配合过盈量较大或无法用击卸、顶压等方法拆卸的零件时，或为了使过盈量较大、精度较高的配合件容易拆卸，可使用此种方法。温差法是利用材料热胀冷缩的性能，加热包容件，使配合件在温差条件下失去过盈量，实现拆卸。

（5）破坏法　若必须拆卸焊接、铆接等固定连接件，或轴与套互相咬死，或为保存主件而破坏辅件时，可采用车、锯、錾、钻、割等方法进行破坏性拆卸。

4. 清洗及保养方法

清洗方法和清洗质量对鉴定零件的准确性、装配质量、维修成本和设备使用寿命等均有重要影响。

清洗一般包括清洗油污、水垢、积炭、锈层和旧漆层等。

根据零件的材质、精密程度、污物性质和各工序对清洁程度的要求不同，必须采用不同的清洗方法和顺序，选择适宜的设备、工具、工艺和清洗介质，以便获得良好的清洗效果。机械行业常用的清洗方法有：

（1）擦洗　将零件放入装有柴油、煤油或其他清洗液的容器中，用棉纱擦洗或毛刷刷洗。这种方法操作简便，设备简单，但效率低，用于单件小批生产的中小型零件。一般情况下不宜用汽油擦洗，因其有溶脂性，会损害人的身体且易造成火灾。

（2）煮洗　将配制好的溶液和被清洗的零件一起放入用钢板焊制的尺寸适当的清洗池中，在池的下部设有加温用的炉灶，将零件加热到 80~90℃ 煮洗。

（3）喷洗　将具有一定压力和温度的清洗液喷射到零件表面，以清除油污。此方法清洗效果好，生产率高，但设备复杂，适于形状不太复杂、表面有严重油垢的零件清洗。

（4）振动清洗　它是将被清洗的零部件放在振动清洗机的清洗篮或清洗架上，浸没在清洗液中，通过清洗机产生振动来模拟人工漂刷动作，并与清洗液的化学作用相配合，达到去除油污的目的。

（5）超声波清洗　它是靠清洗液的化学作用与引入清洗液中的超声波振荡作用相配合达到去污目的的。

如图 1-5 所示，本书中采用擦洗方法。为便于检查零件的缺陷或避免影响再次安装精度，拆下的零件应进行清洗。一般带有油污的零件，可用煤油或柴油来清洗，除铝合金零件和精密零件外，还可用热的碱性溶液浸煮。清洗后的零件应涂上机油，以防锈蚀。

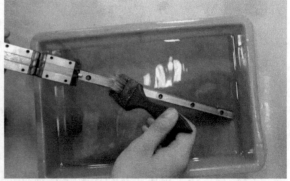

图 1-5　煤油清洗

任务一　设备拆卸

一、任务要求与拆卸工艺流程

1）拆装机件，首先要遵循拆装机件的顺序和操作要领。首先，拆卸时"先拆外件，后拆内件""先拆组件，后拆零件"；安装时"后拆先装，先拆后装"。就是说先拆"一二三四五"，后装"五四三二一"。其次，要正确使用拆装的工具，避免"大件小拆"（大机件用小工具）、"小件大拆"（小机件用大工具），或以钳（钳子）代扳（扳手），以凿（錾子）代旋（旋錾）的拆装方法。再次，注意拆装过程中的安全，尽量避免机件在拆装时碰击硬物，防止受损，同时在拆装操作中要注意安全。

2）本任务主要分准备工作、拆卸二维工作台及拆卸转塔部件三个内容，见表1-2。

表 1-2　设备拆卸

项目	工作内容	工作要求
准备工作	准备工、量具	1）工、量具摆放整齐有序 2）切断电源 3）切断气源
拆卸二维工作台	合理选择工具，完成二维工作台的拆卸	1）合理使用工具和辅具 2）除夹爪部件外其余均拆成零件，详见任务书 3）零件按工艺要求合理摆放，零件清理、清洗顺序正确，清洗干净，工、量具摆放整齐有序
拆卸转塔部件	合理选择工具，完成转塔部件的拆卸	1）合理使用工具和辅具 2）零件按工艺要求合理摆放，零件清理、清洗顺序正确，工、量具摆放整齐有序

注意事项：

① 看清楚拆卸要求和内容。

② 拆卸下来的螺钉、垫圈、垫片不要分散弄乱，摆放在空的格子中。

③ 拆下的零部件有序摆放在周转箱内，注意分类摆放，尤其是导轨、丝杠需水平摆放在绿皮垫上，以防弯曲变形。

④ 拆卸丝杠时套筒应使轴承外圈均匀受力，防止敲散轴承。

⑤ 拉马在拉角接触轴承时钩住轴承内圈，切记不要钩在保持架外圈上。

⑥ 各轴承座所垫铜皮及 U 形垫片拆下后按顺序摆放在抽屉里，方便后面安装时使用。

⑦ 注意拆卸时的螺钉长短，尽量保证哪里拆的装哪里。

⑧ 注意操作的规范性以及工具的摆放。

二、设备拆卸准备工作及工、量具选用

1. 全面了解设备的技术状况

拆卸设备前应对整个设备状况进行全面了解，"带病"设备拆装后再进行调试，不便于

故障的排除。所以在拆卸前，应先用原程序进行试运行，在试运行合格后再断电断气进行拆卸，同时对自检情况进行记录。

2. 技术资料和实训场地的准备

在拆卸设备之前，要对通用机电设备随机的技术文件进行研究，根据说明书的操作步骤及自己的理解进行拆卸。比如拆卸丝杠轴承，随机工具——U 形铁可用于拆轴承，但用拉马拆卸更加规范，所以目前教学是使用拉马拆卸。

3. 工具器材的准备（表 1-3）

表 1-3 工具器材的准备

名称	型号（规格）	数量
公制内六角扳手	2～14mm	一套
扭力扳手	1～25N·m	一套
纯铜棒	φ14mm、φ18mm	各一根
大十字螺钉旋具	10in	一把
呆扳手	开口 7mm、14mm、17mm	各一把
拉马	中号	一套
大套筒		一个
尖嘴钳	中号	一把
棘轮扳手	17～19mm	一把
月牙扳手	22～26mm	一把
钳工锤	24oz（680g）	一把
木柄皮锤	750g	一把

三、设备拆卸实施

1. 二维工作台的拆卸顺序（表 1-4）

表 1-4 二维工作台的拆卸顺序

序号	拆卸步骤	装配图示
1	拆卸前切断电源（设备电源）、气源（气泵阀门及三联件开关）	
2	准备好拆卸工具并摆放整齐	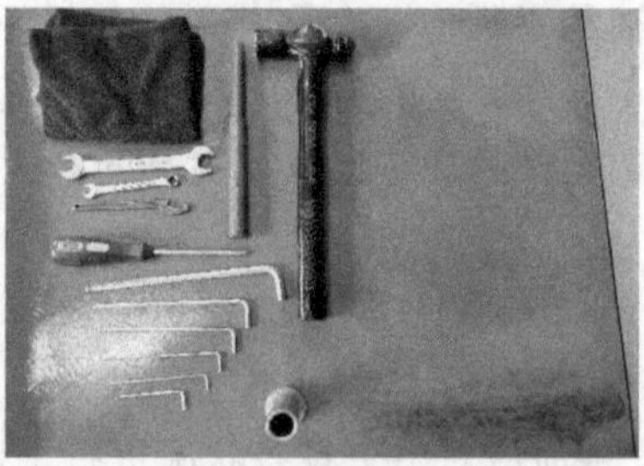

（续）

序号	拆卸步骤	装配图示
3	拆卸二维工作台的两个防护罩： 1）用十字螺钉旋具拆下 Y 轴防护罩 2）用内六角扳手拆下 X 轴同步带轮防护罩	
4	拆卸 X 轴伺服电动机及同步带： 1）用呆扳手拧松四颗外六角固定螺钉，然后用手拧下螺钉 2）取下带轮上的同步带	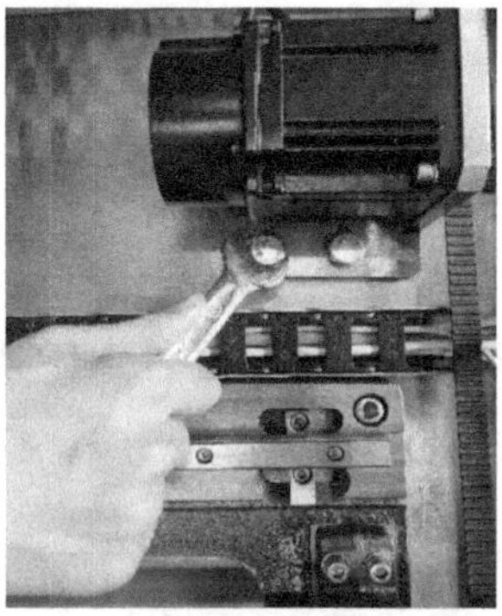
5	拆卸 Y 轴伺服电动机及同步带： 1）用内六角扳手拆下两颗固定螺钉 2）取下带轮上的同步带	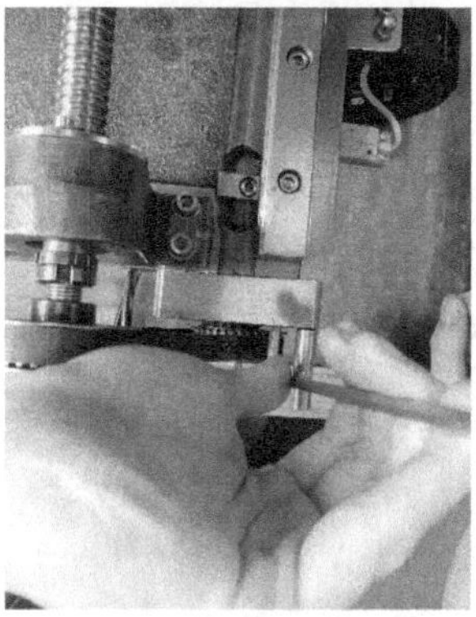
6	拆卸完毕后，将两台伺服电动机摆放在同一个周转箱内	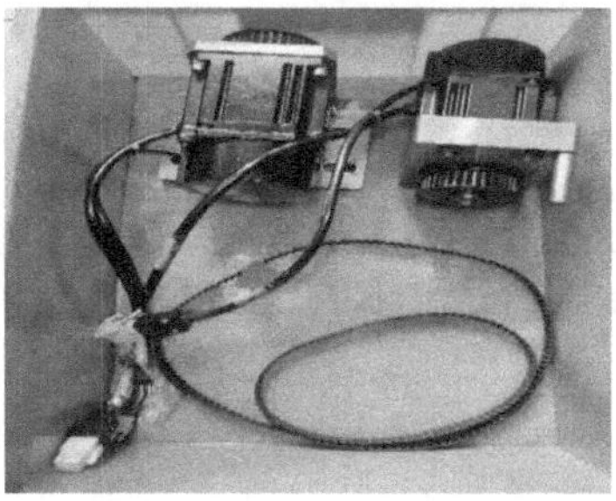

（续）

序号	拆卸步骤	装配图示
7	拆卸工作台面及中滑板轴传感器： 1）用短 3 号内六角扳手拆下中滑板底部的 Y 轴左极限、原点及右极限三个传感器 2）用十字螺钉旋具拆下 X 轴左极限、原点及右极限三个传感器	 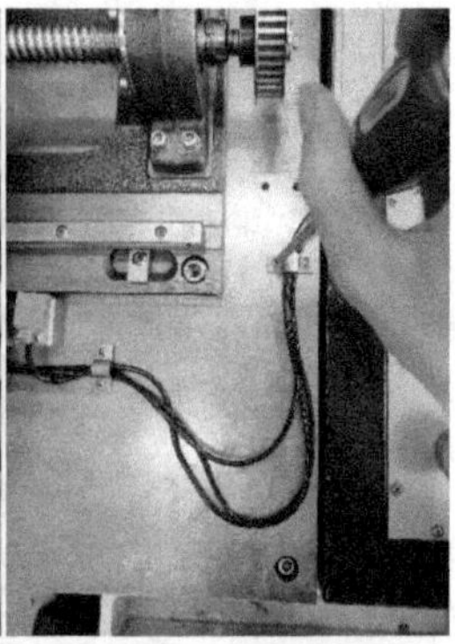
8	拆卸气动夹爪及其附属电路、气路： 1）用十字螺钉旋具拆下上滑座的十字螺钉 2）用小号十字螺钉旋具拆下固定坦克链的螺钉 注：气动夹爪上传感器较多，需轻拿轻放，避免损坏	 
9	将气动夹爪与伺服电动机放置在同一个周转箱内。 注意事项 1）坦克链中有固定螺钉，防止脱落丢失 2）气动夹爪上有物料检测传感器、推料到位传感器及夹紧到位传感器，要轻拿轻放，避免损坏	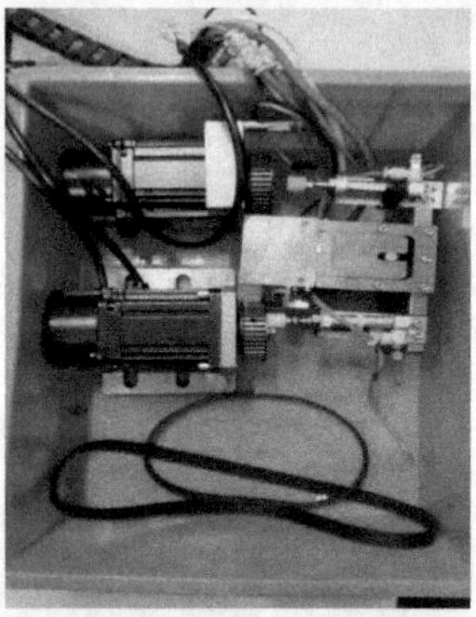
10	拆卸工作台面两个拖线槽： 1）用十字螺钉旋具拆下 Y 轴坦克链线槽 2）用十字螺钉旋具拆下 X 轴坦克链线槽	

（续）

序号	拆卸步骤	装配图示
11	拆卸上滑座： 1）用短4号内六角扳手松开上滑座底部的两个压紧块 2）用5号内六角扳手拆卸固定在活灵上的四颗内六角圆柱头螺钉 3）用5号内六角扳手拆卸固定在Y轴滑动轴承上的四颗内六角圆柱头螺钉	 
12	拆卸X轴、Y轴同步带轮外的外六角螺钉： 1）用呆扳手拆下X轴带轮外的外六角螺钉 2）用呆扳手拆下Y轴带轮外的外六角螺钉 3）如果螺钉难以拧下来，可以用毛巾包着带轮，增大摩擦力	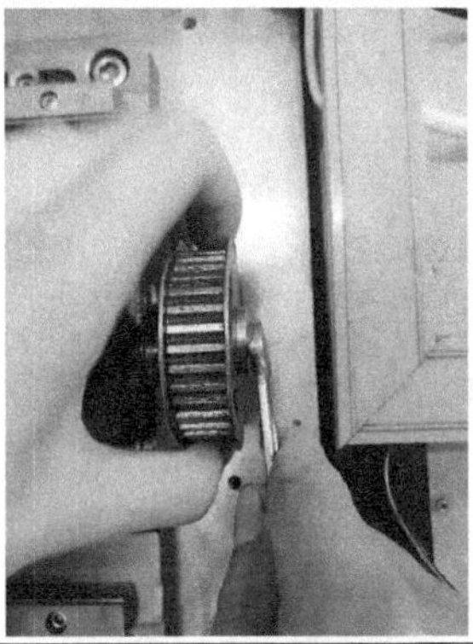
13	拆卸锁紧圆螺母： 1）用月牙扳手拆下X轴锁紧螺母 2）用月牙扳手拆下Y轴锁紧螺母 3）拆卸时，只能一只手扶着带轮，另一只手进行拆卸，切不可抓着丝杠发力	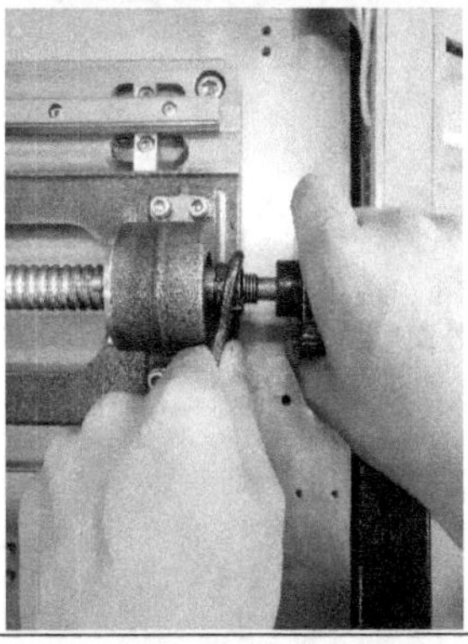
14	拆卸Y轴、X轴两个同步带轮及相关附件： 1）用拉马取下X轴带轮 2）用拉马取下Y轴带轮 3）取下X、Y轴锁紧螺母 4）取下X、Y轴上的隔圈 5）摆放在料盒内	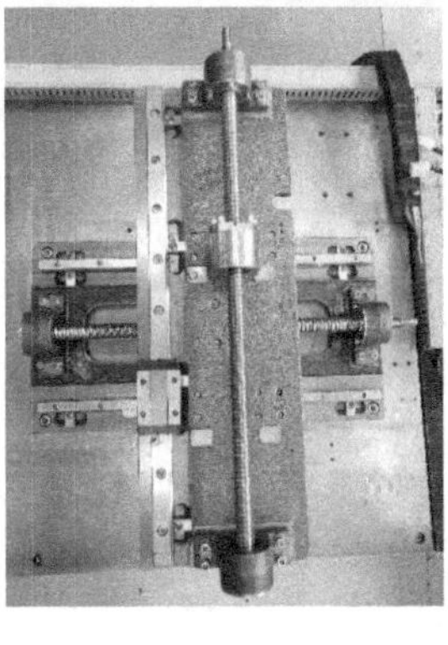

（续）

序号	拆卸步骤	装配图示
15	拆卸 Y 轴两个端盖： 1）用 3 号内六角扳手拆下带轮侧端盖 2）用 3 号内六角扳手拆下另一侧端盖	
16	拆卸 Y 轴丝杠： 1）选择合适的套筒 2）用套筒将 Y 轴丝杠从轴承座内敲出（敲打轴承外圈）	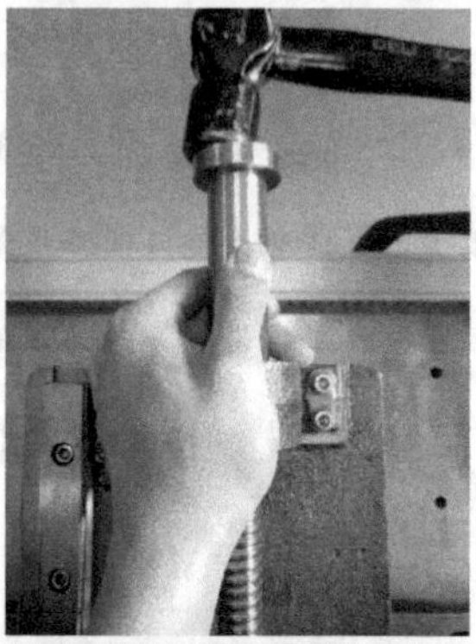
17	用拉马拉下深沟球轴承（拉爪顶着轴承的内圈拉，拉外圈容易损坏轴承）	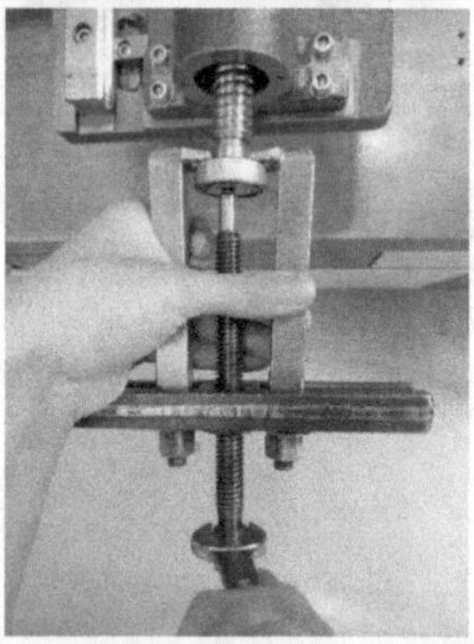
18	取下丝杠放在钳工桌上	

（续）

序号	拆卸步骤	装配图示
19	拆卸中滑板轴承座： 1）用内六角扳手拆下 Y 轴的两个轴承座 2）摆放在料盒里	
20	拆卸中滑板导轨： 1）用 4 号内六角扳手拆下导轨压紧块 2）用 5 号内六角扳手拆下导轨固定螺钉	 
21	拆卸中滑板： 1）用 3 号内六角扳手拆下 16 颗 M4×80mm 的螺钉 2）用 5 号内六角扳手拆下四颗固定在 X 轴活灵上的螺钉	

序号	拆卸步骤	装配图示
22	拆卸 X 轴两个端盖及四个等高块： 1）用 3 号内六角扳手拆下带轮侧端盖 2）用 3 号内六角扳手拆下另一侧端盖 3）用 3 号内六角扳手拆下等高块上的感应支架 4）整齐摆放在料盒内	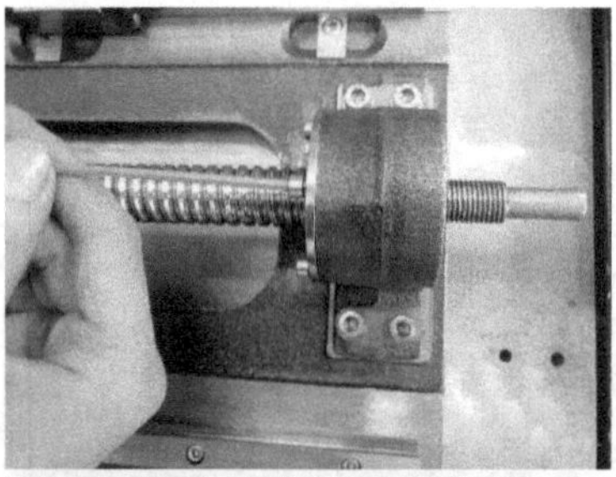 
23	拆卸 X 轴丝杠： 1）选择合适的套筒 2）用套筒将 X 轴丝杠从轴承座内敲出（敲打轴承外圈）	
24	用拉马拉下深沟球轴承（拉爪顶着轴承的内圈拉，拉外圈容易损坏轴承）	

（续）

序号	拆卸步骤	装配图示
25	取下丝杠放在钳工桌上	
26	拆卸底板轴承座： 1）用内六角扳手拆下 X 轴的两个轴承座 2）摆放在料盒里	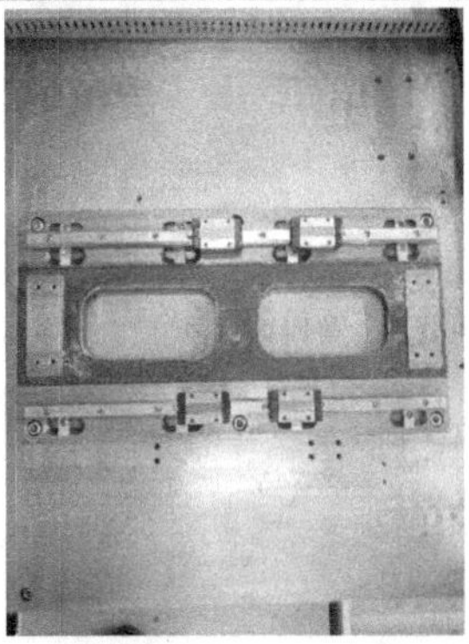
27	拆卸压紧块及从导轨： 1）用 4 号内六角扳手拆下基准导轨压紧块 2）用 3 号内六角扳手拆下基准导轨固定螺钉 3）用 4 号内六角扳手拆下从导轨压紧块 4）用 4 号内六角扳手拆下从导轨定位块 5）用 3 号内六角扳手拆下从导轨固定螺钉	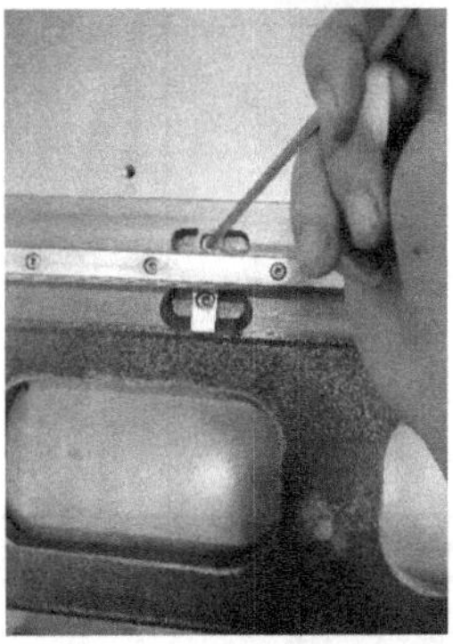 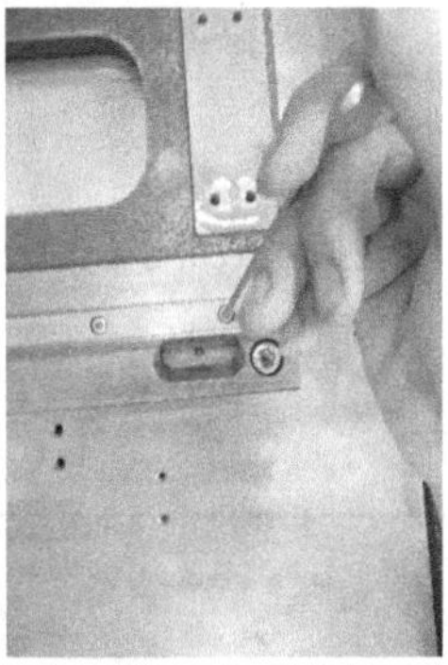
28	拆卸大底板： 1）用 8 号内六角扳手拆下底板的六颗固定螺钉 2）把底板摆放在料盒上	

（续）

序号	拆卸步骤	装配图示
29	在钳工台上用拉马拉出两根丝杠的角接触轴承并取下端盖、螺母支座（注意：在用拉马拉球轴承时，用拉马的拉爪顶着轴承的内圈拉，拉外圈容易损坏轴承）	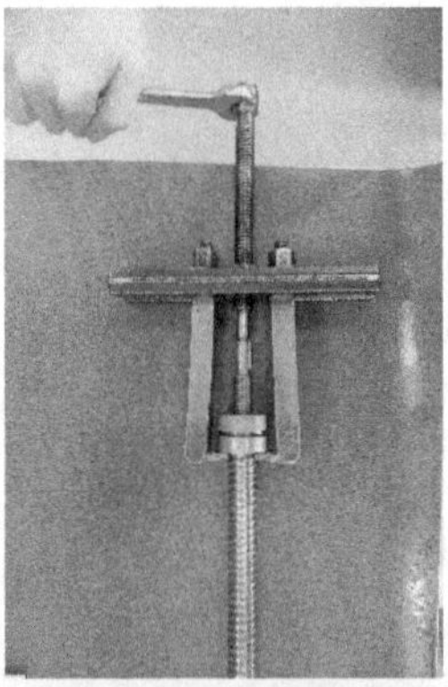
30	拧下活灵螺钉，操作时手握活灵，不得用手抓丝杠	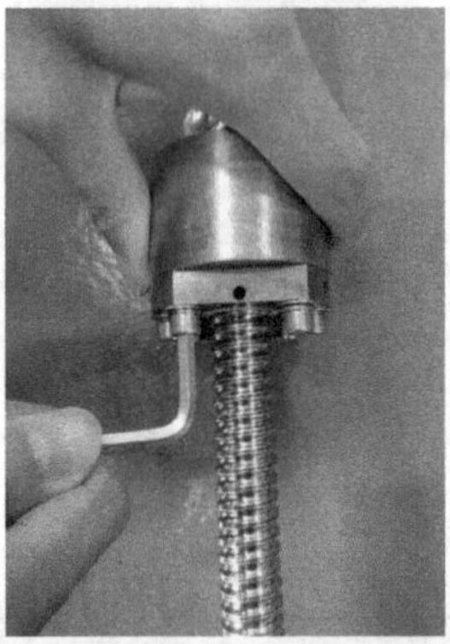
31	整齐摆放所有零、部件	

2. 转塔部件的拆卸顺序（表1-5）

表1-5 转塔拆卸顺序

序号	拆卸步骤	装配图示
1	拆卸链条防护罩： 1）用十字螺钉旋具拆下固定螺钉 2）拆下后摆放在钳工台上	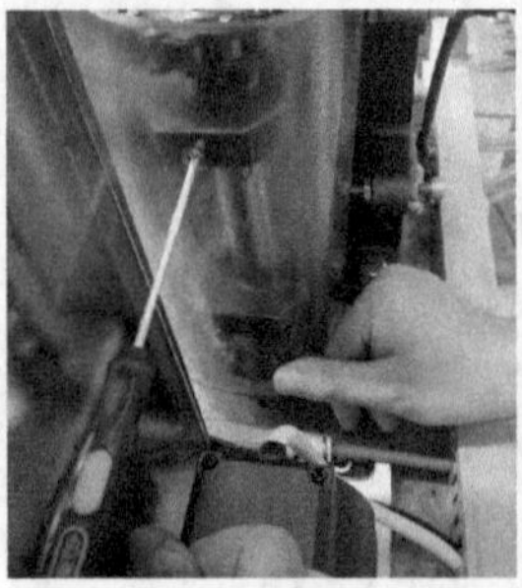 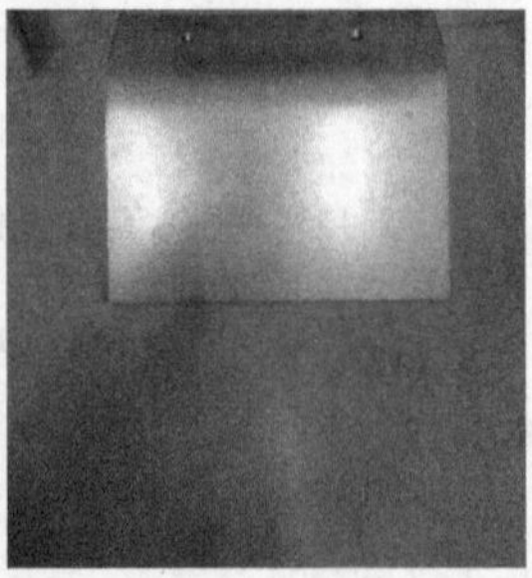

（续）

序号	拆卸步骤	装配图示
2	拆卸步进电动机传动链条： 1）用尖嘴钳拆下上、下链条的卡簧 2）取下链条接头	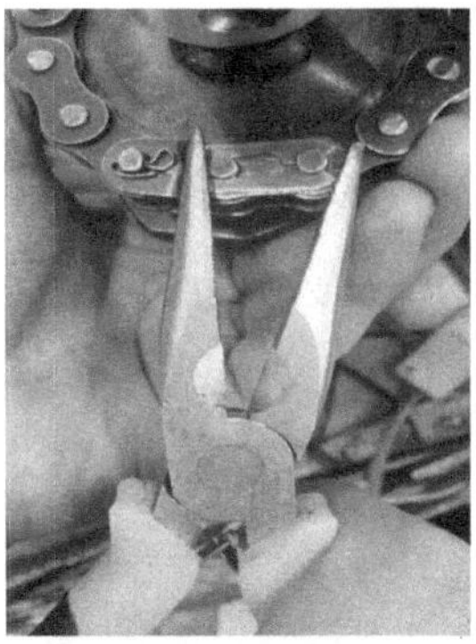
3	拆卸下模盘固定螺钉： 1）用棘轮扳手拧松四颗固定螺钉 2）用手拧下固定螺钉	
4	用内六角扳手拆落料口	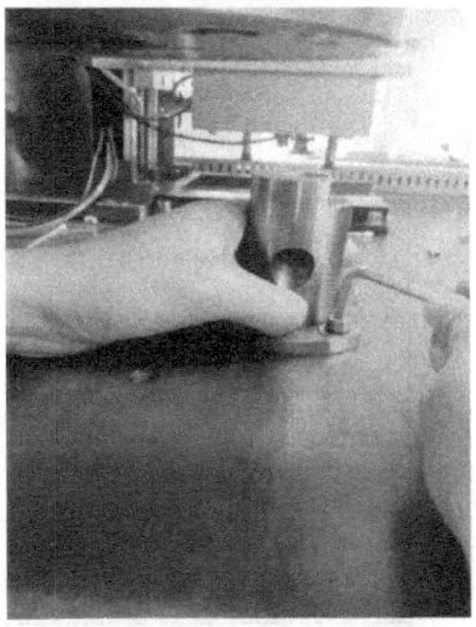
5	用内六角扳手拆下模固定块	

通用机电设备装调技术训练教程

（续）

序号	拆卸步骤	装配图示
6	拧松定位气缸支架螺钉、铜套螺钉、气缸固定螺钉	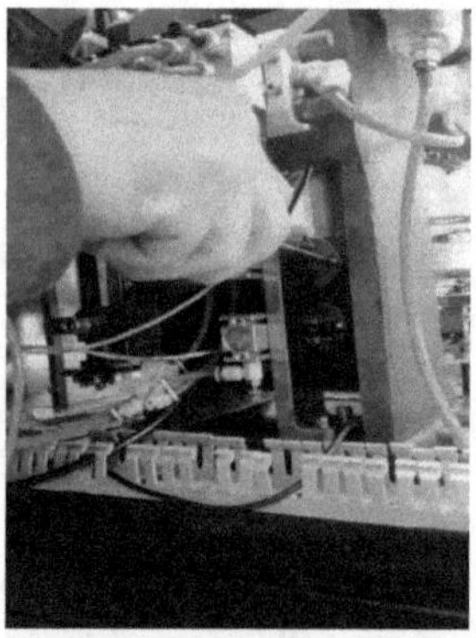
7	拧松链轮轴轴承座螺钉	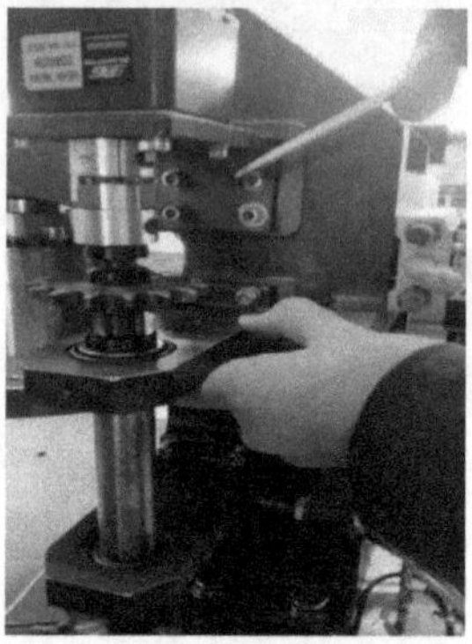

四、任务评价（表1-6）

表1-6　任务评价

评价项目	评价内容	分值	个人评价	小组互评	教师评价	得分
理论知识	了解机械拆卸规范	10				
	了解零部件摆放要求	10				
	能够规范使用工具	5				
实训操作	合理、规范地使用工具	10				
	拆卸方法的合理性	10				
	零部件拆卸的完整性	10				
	零部件摆放整齐、合理	5				
安全文明	遵守操作规程	5				
	职业素质规范化养成	10				
	"7S"管理	5				
学习态度	考勤情况	10				
	遵守实习纪律	5				
	团队协作	5				

（续）

评价项目	评价内容	分值	个人评价	小组互评	教师评价	得分
	总得分	100				
成果分享	收获之处					
	不足之处					
	改进措施					

任务二 设备零部件的清洗与保养

一、任务要求与清洗及保养的工艺流程

零件清洗至关重要，不仅影响装配速度，也影响设备装配质量。本设备零部件清洗主要是指油污和杂物的清洗清理。清除油污的方法有很多，按清洗液分，有无机溶剂除油、有机溶剂除油和表面活性金属清洗剂除油等；按作业手段分，有手工作业和机械作业两种。

1）有机溶剂，如汽油、柴油、煤油。采用"油洗"，使用方便，去污能力强，对金属无腐蚀。但使用油类清洗剂成本高，不安全，污染环境。尤其是随着能源存储量越来越少，应用已受到限制。

2）无机溶剂，如碱溶液。过去，很多零件采用碱溶液清洗，一般加热到 80~90℃。碱溶液去油污能力较强，与表面活性金属清洗剂相比，成本较低。但是碱溶液对零件表面具有较强的腐蚀性，尤其对非金属材料和有色金属的腐蚀更为严重。凡橡胶、胶木、塑料、铝合金等不允许用碱溶液清洗。另外，碱溶液还刺激皮肤。

3）表面活性金属清洗剂，简称金属清洗剂。它主要有以下特点：去污能力较好，具有一定的防腐和防锈能力，特殊的金属清洗剂可用作过程清洗，代替汽油或煤油；无刺激作用，不燃烧，不爆炸，有利于改善劳动条件和安全生产。从"以水代油"的意义来讲，采用金属清洗剂不但可以节约能源，而且可以显著降低成本。随着我国化学工业的发展，金属清洗剂原料成本渐降低，产品质量不断提高，所以，近年来金属清洗剂的应用日趋广泛。

4）手工清除油污，即用毛刷和棉纱蘸着清洗液刷洗零件表面。尽管其劳动强度大，生产率低，但适合生产量小的企业。同时，这种方法有着清洗彻底、"死角"很少等特点，是机械清洗无法代替的。

5）机械清除油污，即利用专用的零件清洗机进行作业，自动化程度和效率高，效果良好。零件清洗机按结构形式不同可分为浸洗、喷洗和浸喷复合洗三种。浸洗清洗效果较好，但清洗效率低，劳动强度大，目前已很少采用。喷洗效率高，易于实现机械化和自动化，正被广泛使用，但不可避免地存在清洗不到的死角。因此，将浸洗和喷洗结合起来，设计出了浸喷复合式零件清洗机。

6）根据学校的实际情况，本设备的零部件清洗主要用煤油或清洗剂清洗。在清洗零部件时，应该注意清洗的顺序。一般地，应先清洗精密件（比如丝杠、导轨等），后清洗普通

件（比如上滑座、轴承座等）；先清洗零件内部，再清洗零件外部。用油液、油盆进行清洗的，油液过于脏污时，应及时更换。

二、设备零部件的清洗与保养准备工作及辅材选用（表1-7）

表1-7 设备零部件的清洗与保养准备工作及辅材选用

序号	清洗与保养步骤	典型错误	正确示范
1	确保用于清洗的煤油干净、无杂质。污浊的煤油不仅起不到清洗的作用，反而污染了零件，尤其是精密零件		
2	确保擦拭零件的毛巾干净，并整齐叠放在钳工台上，以便随时取用		
3	确保毛刷干净，并摆放整齐		

（续）

序号	清洗与保养步骤	典型错误	正确示范
4	确保油壶有足量的煤油,油壶外干净,无漏油,整齐摆放在工作台上		
5	确保磨石干净,并摆放、整齐		
6	清洗擦拭绿皮,确保干净、整洁		
7	清洗擦拭周转箱,确保干净、整洁		

三、设备零部件清洗与保养的实施步骤

1. 清洗（表 1-8）

表 1-8　设备零部件的清洗步骤

序号	清洗步骤	示范图
1	先用清洁剂（煤油）清洗丝杠、角接触轴承、导轨等精密零件,清洗完成后放置在绿皮垫上自然风干,不得使用毛巾擦干	
2	清洗等高块、轴承盖(法兰)、同步带轮等零件	
3	清洗底板、轴承座、上滑座等零件: 1)用磨石浸透油打磨底板及工作台的配合面 2)用抹布(擦净)清理底板及工作台的配合面 3)用清洁剂(煤油)清洗底板及工作台的配合面 4)用抹布再次(擦净)清理底板及工作台的配合面	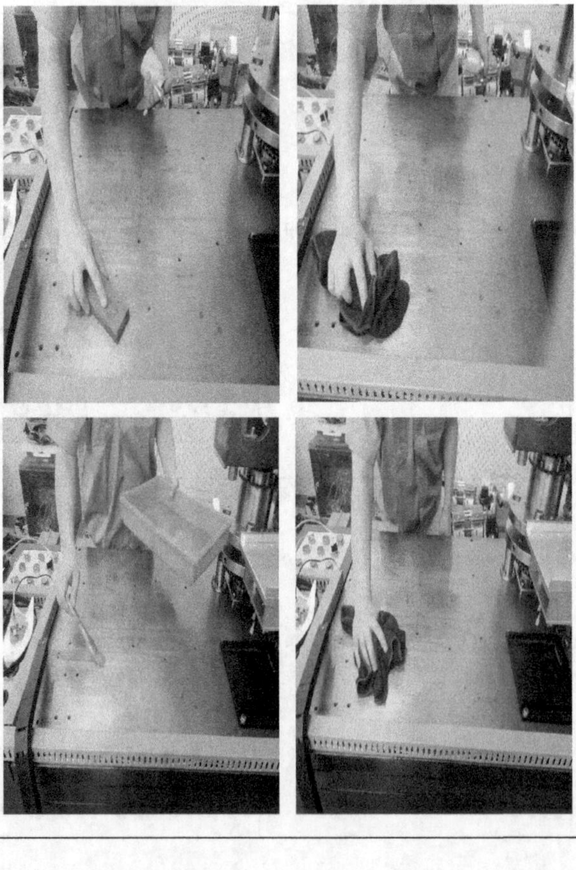

（续）

序号	清洗步骤	示范图
4	清洗链条与链轮等零件	

2. 保养（表1-9）

表1-9　保养步骤

序号	保养步骤	示范图
1	链条：用油壶将润滑油喷在链条上，用毛刷涂抹均匀	
2	丝杠：用油壶将润滑油喷在丝杠上，用毛刷涂抹均匀	
3	导轨：用油壶对准滑块侧面的注油口（钢珠）进行注油，对运动表面进行润滑	

四、任务评价（表1-10）

表 1-10　任务评价

评价项目	评价内容	分值	个人评价	小组互评	教师评价	得分
理论知识	了解清洗规范	10				
	了解清洗步骤及顺序	10				
实训操作	清洗丝杠、角接触轴承和导轨等精密零件	10				
	清洗垫圈、轴承盖（法兰）等零件	10				
	最后清洗链条与链轮（无红丹）等零件	10				
	清洗后将零件摆放整齐，尤其是丝杠、导轨不得重叠，防止变形	10				
安全文明	遵守操作规程	5				
	职业素质规范化养成	10				
	"7S"管理	5				
学习态度	考勤情况	10				
	遵守实习纪律	5				
	团队协作	5				
	总得分	100				
成果分享	收获之处					
	不足之处					
	改进措施					

▶ 项目评价与小结

1. 项目主要指标与检测技术及总体评价

设备整体拆卸与清洗任务评价，可以让学生分组进行，有条件的可以两人为一组进行考核，可以根据学生的拆卸熟练程度设定考核时间，考核计时。

理论知识主要通过学生作业的形式进行个人评价、小组互评和教师评价。实践操作则通过项目任务，根据各学生的完成情况，包括拆卸方法与清洗方法，拆卸的正确性、灵活性、熟练程度，"7S"执行情况等进行评价（表1-11）。

表 1-11　任务评价

评价项目	评价内容	分值	个人评价	小组互评	教师评价	得分
理论知识	掌握设备拆卸与清洗的顺序与方法	20				
实训操作	能够正确、快速地拆卸设备和清洗零件	40				

（续）

评价项目	评价内容	分值	个人评价	小组互评	教师评价	得分
安全文明	遵守操作规程	10				
	职业素质规范化养成	5				
	"7S"管理	5				
学习态度	考勤情况	5				
	遵守实习纪律	5				
	团队协作	10				
	总得分	100				
成果分享	收获之处					
	不足之处					
	改进措施					

2. 项目成果小结

本项目主要讲解了设备的规范拆卸步骤、正确的清洗方法及合理的维护保养方法。基于学生学情及实际教学情况，把该任务的学习重点设定为设备拆卸及清洗的工艺流程；学习难点设定为丝杠组件的拆卸。通过本次任务的学习，学生应具备合理选择工具、规范拆卸设备的能力，为后续机械安装打下基础。

▶ 拓展练习

1）根据 THMDZW-2（自动冲压机构及转塔部件）装配图样，完成上模盘轴（8）组件的装配单元系统图（图 1-6）。

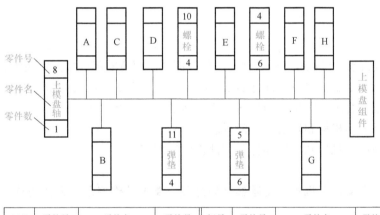

标号	零件号	零件名	零件数	标号	零件号	零件名	零件数
A				B			
C				D			
E				F			
G				H			

图 1-6　习题图

2）现象描述。二维工作台部件因在搬迁中发生踫撞，在运行过程中噪声过大，特别是 X 轴的运动精度丧失，轴窜动过大。根据现象描述写出需要拆卸的零部件，并确定合理的拆卸工艺。

项目二

自动冲压机构和转塔部件的装配与调整

► 项目概述

THMDZW-2 型机通用机电设备装调与维护实训装置的自动冲压机构和转塔部件实训单元，就是把转塔机构与自动冲压机构有效集合起来，从而保证产品在加工过程中具有零件一致性好、质量稳定、生产率较高、自动化程度高、可以减轻工人的体力劳动强度等特点，以满足现代制造业对设备的需求。

自动冲压机构与转塔部件和模具相配合，实现冲压物料的功能，可完成自动冲压机构的装配工艺实训。转塔部件分上、下两个模盘，设有四个工位，可用来安装不同的模具。步进电动机经过链传动带动上、下模盘同时转动，实现模具调换的功能；可完成转塔传动部分的装配与转塔同步调整实训。

► 项目目标

1. 知识目标

1）通过识读自动冲压机构和转塔部件的装配图样，理清零部件之间的装配关系，并能根据图样中的技术要求，熟悉基本零部件的结构以及部装、总装和装配过程中的调试方法等。

2）能够规范、合理地写出自动冲压机构和转塔部件的装配工艺过程。

3）学会自动冲压机构和转塔部件的拆装。

4）掌握自动冲压机构和转塔部件各零部件的装配特点。

2. 能力目标

1）熟悉装配自动冲压机构和转塔部件的过程，要求动作规范、方法正确，并合理使用工、量具。

2）能够进行设备几何误差的准确测量和分析，并有效实施设备精度调整。

3）能对常见故障进行判断分析。

4）自动冲压机构和转塔部件各零部件装配后定位可靠，移动零部件灵活，无卡阻现象。

► 项目分析与工作任务划分

1）能够读懂自动冲压机构和转塔部件的装配图。通过装配图，了解零件之间的装配关系、机构的运动原理及功能。

2）理解图样中的技术要求，根据技术要求和零件的结构进行安装和调整（表 2-1）。

① 掌握下模盘的安装与调整方法。

② 掌握链条及相关机构的安装与调整方法。

③ 掌握模盘定位机构的安装与调整方法。

表 2-1　零件的安装与调整

序号	项目	内　容	工　具
1	下模盘的安装	安装下模盘轴	钳工锤、套筒、铜棒
		安装上、下模盘用大圆锥滚子轴承	
		安装上、下模盘用小圆锥滚子轴承	
		安装轴承的外圈	钳工锤、铜棒
		安装上、下模盘轴承外圈固定端盖	
		安装 08B35 大链轮	内六角扳手
		安装下模盘底板	
		安装下模盘	
		安装分度盘原点检测块	十字螺钉旋具
2	其他辅助件的安装	安装定位气缸	十字螺钉旋具、内六角扳手、呆扳手
		安装链条	尖嘴钳
		安装下料口	内六角扳手
3	模具安装	安装导套	内六角扳手
		安装弹簧、固定螺母	

▶ 设备简介

自动冲压机构和转塔部件是浙江天煌科技实业有限公司生产的 THMDZW-2 型机通用机电设备装调与维护实训装置中的旋转刀具进给和冲压成形机构。它是集机械运动与电气控制于一体的最典型的机构之一。

1. 自动冲压机构和转塔部件实训装置简介

如图 2-1 所示，转塔部件主要由圆锥滚子轴承、上下模盘定位销、上下模盘定位销支架、下模盘下料孔、链轮、链条、上模盘、下模盘、传动轴、轴承座、检验轴、气动定位装置等组成。

如图 2-2 所示，自动冲压机构主要由铸件床身、气液增压缸、气动阀和冲头等组成。

2. 自动冲压机构和转塔部件的装调内容

1）能够读懂自动冲压机构和转塔部件的机构装配图。通过装配图，能够清楚零件之间的装配关系，机构的运动原理及功能。

2）理解图样中的技术要求，根据技术要求和基本零件的结构装配方法进行装配和调整。

① 掌握自动冲压机构的铸件床身的装配与调整方法和装配步骤。

② 掌握自动冲压机构的气液增压缸、气动阀、冲头装配与调整的步骤。

③ 掌握转塔部件下模盘的部件装配与调整步骤。

④ 掌握转塔部件上、下模盘轴的总装配与调整步骤。

⑤ 掌握链轮轴、步进电动机的装配与调整步骤。

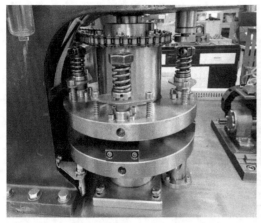

图 2-1 转塔机构的结构

图 2-2 自动冲压机构结构

⑥ 掌握上、下模盘定位气动模块的装配与调整步骤。

⑦ 掌握调压过滤器和单电控二位五通阀的装配与调整步骤。

⑧ 掌握传感器及传感器支架的装配与调整步骤。

3）能够规范合理地写出自动冲压机构和转塔部件的装配工艺过程。

4）装配的规范化。

① 正确使用装配工、量具。

② 装配顺序合理。

③ 运动部件有良好的润滑。

5）完成自动冲压机构和转塔部件的安装及调试。

知识链接

一、自动冲压机构和转塔部件装配与调整的基本内容与要点

1. 自动冲压机构的原理

PLC 可编程序控制器控制二位五通电磁阀得失电，控制气液增压缸完成冲压工艺。

2. 转塔部件的结构与原理

（1）转塔部件的结构组成

工作机构：由上、下模盘和冲孔模具等组成工作机构。

传动系统：包括链传动机构。

动力系统：如步进电动机。

定位系统：由传感器控制的气动定位机构。

（2）转塔部件的工作原理 PLC 可编程序控制器控制步进电动机开始运转，通过链传动机构来驱动上、下模盘旋转，上、下模盘旋转到下个冲孔工位，定位双气缸开始伸出，对上、下模盘进行可靠定位，保证安装在上、下模盘上的冲孔模具能正确合模，完成冲压成形工艺。

3. 自动冲压机构和转塔部件的装配内容

1）自动冲压机构的铸件床身装配与调整的方法和装配步骤。

2）自动冲压机构的气液增压缸、气动阀、冲头的装配与调整步骤。

3）转塔部件下模盘部件的装配与调整。

4）转塔部件上、下模盘轴的总装配与调整。

5）链轮轴、步进电动机的装配与调整。

6）上、下模盘定位气动模块的装配与调整。

7）调压过滤器和单电控二位五通阀的装配与调整。

8）传感器及传感器支架的装配与调整。

4. 自动冲压机构和转塔部件的装配要求与装配规范

1）拆卸与装配转塔部件下模座圆锥滚子轴承时，注意尽量不用滚动体传递力。

2）拆卸与装配转塔部件下模座末端的圆锥滚子轴承时，可用小于轴承内径的铜棒或软金属、木棒、套筒等抵住轴端，在轴承下面放置垫铁，再用锤子敲击。

3）转塔部件下模座装配后，应保证上、下模座径向与轴向圆跳动量符合规定。

4）转塔部件下模座装配后，应保证上、下模座同轴度符合规定。

5）转塔部件下模座装配后，应保证气动定位模块定位准确可靠。

6）转塔部件下模座装配后，驱动链的松紧调试应适当。

7）机械式自动冲压机构和转塔部件装配后，传感器的安装调试位置应符合规定。

二、联轴器、链条等的装配方法

1. 联轴器的作用与安装

（1）定义与作用　联轴器，俗名联轴节，用来连接不同机构中的两根轴（主动轴和从动轴），使之共同旋转以传递转矩。在高速重载的动力传动中，有些联轴器还有缓冲、减振和提高轴系动态性能的作用。联轴器由两半部分组成，分别与主动轴和从动轴连接。一般动力机大都借助于联轴器与工作机相连接。

（2）联轴器的种类　联轴器所连接的两轴，由于制造及安装误差，承载后的变形以及温度变化的影响等，会引起两轴相对位置的变化，往往不能保证严格的对中。根据有无弹性元件、对各种相对位移有无补偿能力，即能否在发生相对位移的条件下保持连接功能以及用途等，联轴器可分为刚性联轴器、挠性联轴器和安全联轴器。

1）刚性联轴器。刚性联轴器只能传递运动和转矩，不具备其他功能，包括凸缘联轴器和套筒联轴器和夹壳联轴器等。

2）挠性联轴器。无弹性元件的挠性联轴器不仅能传递运动和转矩，而且具有不同程度的轴向、径向、角向补偿功能，包括齿式联轴器、万向联轴器、链条联轴器和滑块联轴器等。

有弹性元件的挠性联轴器能传递运动和转矩，具有不同程度的轴向、径向、角向补偿功能，还具有不同程度的减振、缓冲作用，可改善传动系统的工作性能，包括各种非金属弹性元件挠性联轴器和金属弹性元件挠性联轴器。各种弹性联轴器的结构不同，差异较大，在传动系统中的作用也不尽相同。

3）安全联轴器。安全联轴器能传递运动和转矩，具有过载安全保护功能。挠性安全联轴器还具有不同程度的补偿功能，包括销钉式、摩擦式、磁粉式、离心式、液压式等安全联轴器。

THMDZW-2 型机通用机电设备装调与维护实训装置转塔部件上的联轴器采用型号为 BF1 8x14 D30 L42 的弹性联轴器。

（3）联轴器的安装　联轴器的装配在机械装配过程中属于比较简单的装配过程。在联轴器的装配中关键要掌握联轴器所连接两轴的对中、零部件的检查及按图样要求装配联轴器等环节。具有配合要求的联轴器的一般装配方法如下：

1）静力压入法。这种方法是根据联轴器与轴装配时所需压入力的大小不同，采用夹钳、千斤顶、手动或机动的压力机进行装配。静力压入法一般用于锥形轴孔。

2）动力压入法。这种方法是指采用冲击工具或机械来完成联轴器向轴上的装配过程，一般用于联轴器与轴之间的配合是过渡配合或过盈不大的场合。装配现场通常用锤子敲打的方法，在联轴器的端面上垫放木块、铅块或其他软材料作为缓冲件，依靠锤子的冲击力，把联轴器敲入。

3）温差装配法。用加热的方法使联轴器受热膨胀或用冷却的方法使轴端遇冷收缩，从而使联轴器轴孔的内径略大于轴端直径，亦即达到所谓的"容易装配值"，不需要施加很大的力，就能方便地把联轴器套装到轴上。

（4）联轴器装配后的检查　联轴器在轴上装配完后，应仔细检查联轴器与轴的垂直度和同轴度。一般是在联轴器的端面和外圆设置两块百分表，使轴转动，观察联轴器的全跳动（包括轴向跳动和径向圆跳动），判定联轴器与轴的垂直度和同轴度的情况。不同转速的联轴器对全跳动的要求值不同，不同形式的联轴器对全跳动的要求值也各不相同，但是，联轴器在轴上装配完后，必须使联轴器全跳动的偏差值在设计要求的公差范围内，这是联轴器装配的主要质量要求之一。

2. 链条传动的特点与安装调节

（1）链传动概述　如图 2-3 所示，链传动由两个链轮和绕在两轮上的中间挠性件——链条所组成。链传动靠链条与链轮之间的啮合来传递两平行轴之间的运动和动力，属于具有啮合性质的强迫传动。其中，应用最广泛的是滚子链传动。

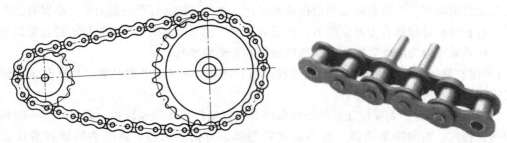

图 2-3　链传动简图与链实物图

与带传动、齿轮传动相比，链传动的主要特点是：没有弹性滑动和打滑，能保持准确的平均传动比，传动效率较高（封闭式链传动的传动效率 = 0.95 ~ 0.98）；链条不需要像传动带那样张得很紧，所以对轴的压力较小；传递的功率大，过载能力强；能在低速重载下较好地工作；能适应恶劣环境（如多尘、油污、腐蚀和高强度的场合）。但链传动也有一些缺点：瞬时链速和瞬时传动比不为常数，工作中有冲击和噪声，磨损后易发生跳齿，不宜在载荷变化很大和急速反向的传动中应用。

（2）基本类型　按照用途不同，链可分为起重链、牵引链和传动链三大类。起重链主要用于起重机械中提起重物，其工作速度 $v \leqslant 0.25\text{m/s}$；牵引链主要用于链式输送机中移动重物，其工作速度 $v \leqslant 4\text{m/s}$；传动链用于一般机械中传递运动和动力，通常工作速度 $v \leqslant 15\text{m/s}$。

传动链有滚子链（图 2-4 和图 2-5）和齿形链（图 2-6）两种。

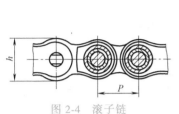

图 2-4　滚子链

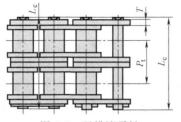

图 2-5　双排滚子链

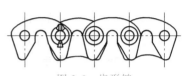

图 2-6　齿形链

用于动力传动的链主要有套筒滚子链和齿形链两种。套筒滚子链（图 2-7）由内链板、外链板、销轴、套筒和滚子组成。外链板固定在销轴上，内链板固定在套筒上，滚子与套筒间和套筒与销轴间均可相对转动，因而链条与链轮的啮合主要为滚动摩擦。套筒滚子链可单列使用和多列并用，多列并用可传递较大功率。套筒滚子链比齿形链重量轻、寿命长、成本低，在动力传动中应用较广。

齿形链是利用特定齿形的链片和链轮相啮合来实现传动的。齿形链传动平稳，噪声很小，故又称无声链传动。齿形链允许的工作速度可达 40m/s，但制造成本高，重量大，故多用于高速或运动精度要求较高的场合。

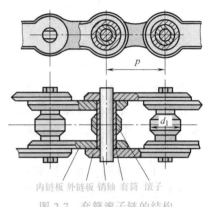

内链板　外链板　销轴　套筒　滚子

图 2-7　套筒滚子链的结构

套筒滚子链和齿形链链轮的齿形应保证链节能自由进入或退出啮合，在啮入时冲击很小，在啮合时接触良好。

（3）链轮链条的装配

1）链轮链条装配的一般技术规范。

① 链轮与轴的配合必须符合设计要求。

② 链轮两轴线的平行度误差应在允许的范围内。

③ 链轮之间的轴向偏移量必须在规定的范围内。

④ 链轮在轴上固定之后，径向和轴向圆跳动误差必须符合要求。

⑤ 链条与链轮啮合时，工作边必须拉紧，并保证啮合平稳。

⑥ 链条非工作边的下垂度应适当，一般下垂度为两轮中心距的 20%。

2）链传动机构的装配方法。

① 套筒滚子链的接头形式。偶数用开口销固定活动销轴和弹簧卡片，奇数用过渡链节。

② 链轮在轴上的固定方法。用键和紧定螺钉接合链条两端；如两轴中心距可调节且链轮在轴端时，可以预先接好，再装到链轮上。

③ 如果结构不允许将链条接头预先接好，必须先将链条套在链轮上，再用专用的拉紧工具进行连接。

三、转塔部件气动定位模块原理及调节方法

1. 气动的基本知识

（1）气压传动的定义　气压传动是以压缩空气为工作介质来传递动力和控制信号的一种传动方式。

（2）气压传动系统的组成

1）气源装置。气源装置主要为空气压缩机，它将机械能转变为空气的压力能。

2）执行元件。执行元件将压缩空气的压力能转变为机械能。常见的执行元件有气缸、摆动缸和气马达。执行元件的运动方式有直线运动、摆动和转动。

3）控制元件。控制元件用来控制压缩空气的流量、方向和压力的大小。常见的控制元件有流量阀、方向阀、压力阀、逻辑元件。

4）辅助元件。辅助元件是指用于实现连接、过滤、消声等的基础元件。

（3）气压传动元件

1）执行元件——气缸。

① 气缸的作用。气缸为执行元件，它将压缩空气的压力能转变为机械能。

② 气缸的分类与符号。气缸按方向分为单作用气缸（只能在伸出的方向做功）和双作用气缸（双向均能做功），如图2-8所示。

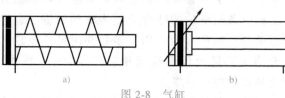

图 2-8　气缸
a）单作用气缸　b）双作用气缸

2）方向控制阀。方向控制阀是气动系统中通过改变压缩空气的流向和气流的通、断来控制执行元件的运动方向及启、停的气动元件。THMDZW-2型机通用机电设备装调与维护实训装置转塔部件上采用气动双缸同时动作定位模块方式。

2. 气动定位模块原理

转塔部件采用双气缸同时动作，对上、下模盘进行定位，当自动冲压机构完成一次加工后，步进电动机驱动传动链运动，转塔部件的上、下模盘旋转到下个加工工位，双气缸伸出，安装在双气缸头部圆锥形的定位块同时自动对中，对上、下模盘进行定位，如图2-9所示。

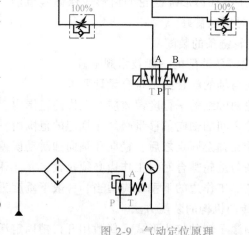

图 2-9　气动定位原理

3. 气动定位模块调节方法

1）通过调整传感器与下模盘感应块，使控制转塔部件的上、下模盘旋转到同一加工工位。

2）通过调整节流阀，使双气缸伸出速度同步，进而可靠定位上、下模盘。

任务一　下模盘的安装与调整

一、任务要求与工艺流程（表2-2）

表2-2　任务要求与工艺流程

项目	工作内容	工作要求
准备工作	清点、清理及清洗零件,准备工、量具	零件清理、清洗顺序正确,清洗干净,工、量具摆放整齐有序
下模盘安装	选择合理的工具及工艺完成下模盘组件的安装,螺钉锁紧可靠并达到精度要求	1)下模盘的径向圆跳动误差≤0.03mm
		2)上模盘与下模盘同轴度误差≤0.04mm
模具安装	清理、清洗零件,选择合理的工具及工艺完成模具的安装,并能达到功能要求	1)1号工位为方孔模,2号工位为圆孔模,3号工位为腰形模
		2)调整下模盘下料孔与下模盘之间的间隙,其值为 0.05mm<δ<0.1mm
		3)调整冲头高度,冲头与上模总成打击头之间的距离应为(6±0.5)mm
		4)手动试模使模具工作平稳、灵活,上、下模具对中,不允许有卡阻现象

工艺流程图如图2-10所示。

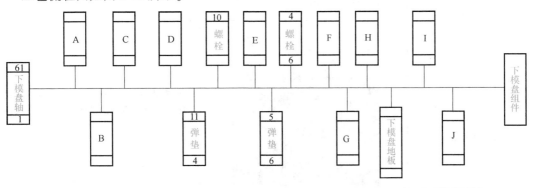

标号	零件号	零件名	零件数	标号	零件号	零件名	零件数
A	50	上、下模盘用小圆锥滚子轴承	1	B	49	上、下模盘用大圆锥滚子轴承	1
C	7	上模盘固定轴	1	D	9	上、下模盘轴承固定端盖	1
E	6	08B35 大链条	1	F	53	下模盘	1
G	5	不锈钢弹垫	6	H	52	M6×40mm不锈钢螺栓	6
I	5	不锈钢弹垫	6	J	54	M6×40mm不锈钢螺栓	6

图 2-10　工艺流程图

二、下模盘的安装与调整工、量具选择（表2-3）

表2-3　工、量具选择

名　称	型　号	数　量
公制内六角扳手	4号、5号	各一把
纯铜棒	一头 ϕ18mm，另一头 ϕ14mm	一根
棘轮扳手	17~19mm	一把
直角尺	200mm×130mm	两把
钟式百分表		一支
大磁性表架		一个

三、下模盘的安装与调整任务实施（表2-4）

表2-4　任务实施

步　骤	示　意　图	操作说明及注意事项
		下模盘拆卸后如左图所示
第一步：组装下模盘		1) 安装小圆锥滚子轴承。用对应的套筒和钳工锤将小圆锥滚子轴承装配在下模盘轴上
		2) 安装大圆锥滚子轴承。用大铜棒将大圆锥滚子轴承敲入下模盘轴，轴承轴心和下模盘轴心应保持在一条直线上

（续）

步　　骤	示　意　图	操作说明及注意事项
第二步： 安装轴承外圈	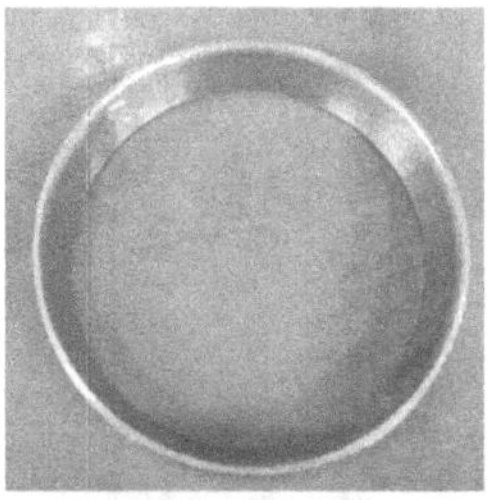 	1)安装大圆锥滚子轴承外圈。如左上图所示,大圆锥滚子轴承外圈的外径也为锥形,装配前应在接触面上涂油,装配时锥形轴承外圈外径小的一头应朝下,下模盘固定轴和轴承外圈的轴心应保持在同一条直线上并用铜棒敲入
	 	2)安装小圆锥滚子轴承外圈。使用相同的方法,将小圆锥滚子轴承外圈装配入下模盘轴承外圈固定端盖上
第三步： 安装下模盘外圈 固定端盖	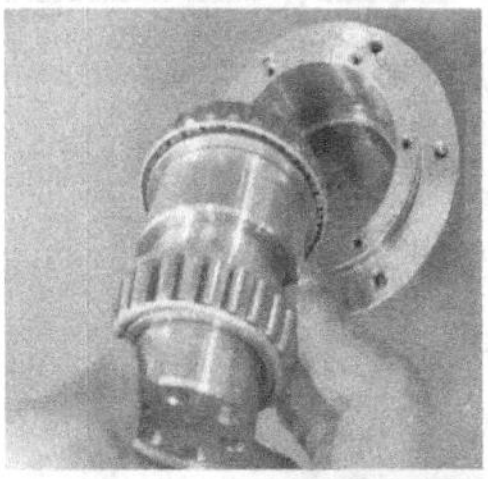 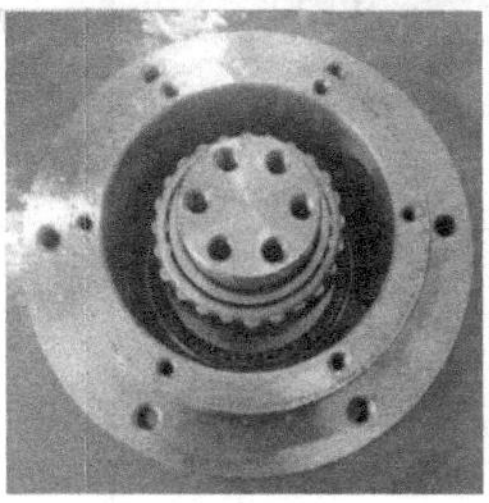	1)将安装好大、小圆锥滚子轴承的下模盘轴安装在下模固定轴内

（续）

步　骤	示　意　图	操作说明及注意事项
		2）将下模盘外圈固定端盖装入下模盘固定轴。用塞尺测量下模盘固定轴和下模盘外圈固定端盖间的间隙
第三步： 安装下模盘外圈 固定端盖		3）根据测出的间隙值，在下模盘外圈固定端盖和下模盘固定轴的接触面间垫适量的青稞纸 　用螺钉固定下模盘外圈固定端盖并锁紧螺钉
第四步： 安装大链轮		将大链轮安装在下模盘固定轴上，锁紧螺钉并尽量保证大链轮的中心线与下模盘轴线在同一条直线上
第五步： 安装下模盘底座		将下模盘底座安装在下模盘固定轴上，然后将螺钉塞入孔内，将螺钉拧进去一点，保证六个螺钉都已装入螺孔后，锁紧螺钉

（续）

步　骤	示　意　图	操作说明及注意事项
第六步： 组装下模盘		观察下模盘的正反面,将其安装在下模盘固定轴上。装入螺钉,将螺钉锁紧,下模盘安装完成,准备调整参数
第七步： 调整参数		1)径向圆跳动的调整。将下模盘平放在平板上,百分表表座吸在平板的左下角,架好表,吃表深度在 3mm 左右,不能吃表太深。转动下模盘(转动过程中不能移动下模盘底座),查看百分表的最大值与最小值,待百分表表头指在最小值时,用铜棒轻敲表头所指点的对角位置,手在下方扶着底板,防止敲击时下模盘移动,敲过最大值与最小值之差的一半左右,反复修正,参数符合要求后预紧螺钉,预紧完后复检参数是否发生变化,确认无误后锁紧螺钉(按对角),再次确认参数
		2)锁紧螺钉,完成径向圆跳动的调整
第八步： 安装下模固定块		1)用两颗螺钉将下模固定块 2 固定在下模盘上(预紧)

（续）

步　骤	示　意　图	操作说明及注意事项
第八步： 安装下模固定块		2）将下模放在下模固定块 2 与下模固定块 1 中间，用两颗 M5 的螺钉将下模固定块 1 固定在下模固定块 2 上（预紧），中间放两片 0.2mm 的铜皮，用于调节中间的间隙
第九步： 安装下模盘并调整同轴度		1）先将模盘上的孔与工作台面上的孔对齐
		2）粗调下模盘与上模盘的同轴度。用螺钉将下模盘固定在工作台上，用预紧力锁紧螺钉
		3）用两把直角尺粗调同轴度。调整上、下模盘的中心，使其同轴。如果发现下模盘已经调整到极限位置（前后），上、下模盘位置还是有很大偏差，可以将下模盘底座旋转 180°再安装

（续）

步　骤	示 意 图	操作说明及注意事项
第九步： 安装下模盘并调整同轴度		4）调节下模盘与上模盘的同轴度。把百分表表座吸在上模盘上，百分表表头紧贴下模盘的边缘（吃表深度 3mm 左右），转动上模盘，观察百分表数值的变化，用铜棒轻敲下模盘的底座进行调整，直到达到公差要求。对角锁紧四颗螺钉，锁紧时观察参数，确保无误后方可锁紧螺钉

四、任务评价（表 2-5）

表 2-5　任务评价

评价项目	评价内容	分值	个人评价	小组互评	教师评价	得分
下模盘的安装	清点、清理及清洗零件，准备工、量具	10				
	选择合理的工具及工艺完成下模盘组件的安装，使下模盘转动无卡阻	25				
下模盘的调试	调节下模盘径向圆跳动误差≤0.03mm	15				
	调节上、下模盘同轴度误差≤0.04mm	15				
安全文明	遵守操作规程	5				
	职业素质规范化养成	5				
	"7S"管理	5				
学习态度	考勤情况	5				
	遵守实习纪律	5				
	团队协作	10				
	总得分	100				
成果分享	收获之处					
	不足之处					
	改进措施					

任务二　链条及相关机构的安装与调整

一、任务要求与工艺流程（表 2-6）

表 2-6　任务要求与工艺流程

项　目	工　作　内　容	工　作　要　求
准备工作	清点、清理及清洗零件，准备工、量具	零件清理、清洗干净，工、量具摆放整齐有序
链条安装	选择合理的工具及工艺完成链条的安装	链条张紧度合适，卡口方向正确
联轴器安装	选择合理的工具及工艺完成联轴器的安装	保证联轴器与轴的垂直度和同轴度在公差范围内

二、链条及相关机构的安装工、量具选用（表 2-7）

表 2-7　工、量具选用

名　　称	型　　号	数　　量
公制内六角扳手	6 号	一把
呆扳手	14mm	一把
尖嘴钳		一把

三、链条及相关机构的安装与调整任务实施（表 2-8）

表 2-8　任务实施

步　　骤	示　意　图	操作说明及注意事项
第一步： 安装链轮		上、下模盘孔位一致，定位气缸伸出到位锁紧（为了确保上、下模盘不会出现错位），用链条将上、下模盘的大链轮与链轮轴上的小链轮连在一起，注意链条卡口方向。转动模盘找到链条的最紧点，通过调整两颗六角螺母来调节链条的张紧度（外侧螺母调节链条的紧，内侧螺母调节链条的松），调节完成后用内六角扳手锁紧步进电动机底座及两个轴承座的螺钉（安装时注意链条的卡口方向）
第二步： 调节链条松紧度		1) 链条由紧到松

（续）

步　骤	示　意　图	操作说明及注意事项
第二步： 调节链条松紧度		2) 链条由松到紧

四、任务评价（表2-9）

表2-9　任务评价

评价项目	评价内容	分值	个人评价	小组互评	教师评价	得分
理论知识	了解链条的基本知识	5				
	掌握链条与联轴器装调的基本方法	15				
	熟悉各种链条的特点、功能和应用	15				
实践操作	会进行链条的装配与拆卸工作	15				
	学会联轴器的装调	15				
安全文明	遵守操作规程	5				
	职业素质规范化养成	5				
	"7S"管理	5				
学习态度	考勤情况	5				
	遵守实习纪律	5				
	团队协作	10				
	总得分	100				
成果分享	收获之处					
	不足之处					
	改进措施					

任务三　模盘定位机构的安装与调整

一、任务要求与工艺流程（表2-10）

表2-10　任务要求与工艺流程

项目	工作内容	工作要求
气动定位装置调整	选择合理的工具及工艺完成气动定位装置的调整，并能达到功能要求	定位销导向轴插拔自如，定位精确

二、模盘定位机构的安装与调整工、量具选用（表 2-11）

表 2-11　工、量具选用

名　　称	型　　号	数　　量
公制内六角扳手	3 号、5 号	各一把
呆扳手	7mm	一把
十字螺钉旋具		一把

三、模盘定位机构的安装与调整任务实施（表 2-12）

表 2-12　任务实施

步　　骤	示　意　图	操作说明及注意事项
第一步： 预紧定位气缸底座		先预紧定位气缸底座的两颗内六角圆柱头螺钉（使 L 形支架不要大幅度晃动）
第二步： 锁紧铜套	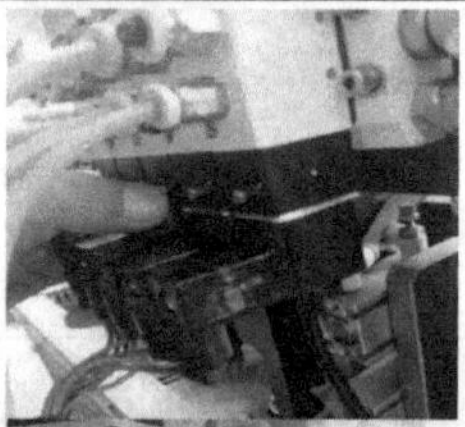 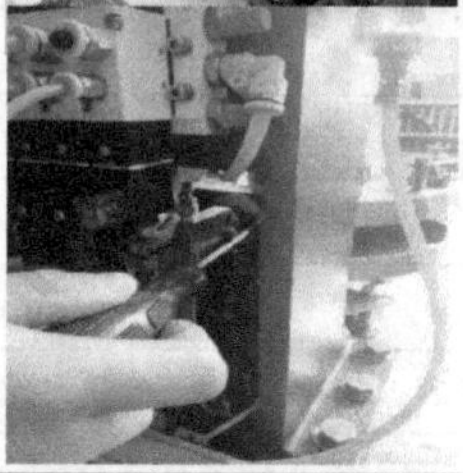	伸缩气缸,确保气缸能够伸出到位,然后用十字螺钉旋具锁紧铜套两侧的十字螺钉（共四颗）
第三步： 固定气缸	 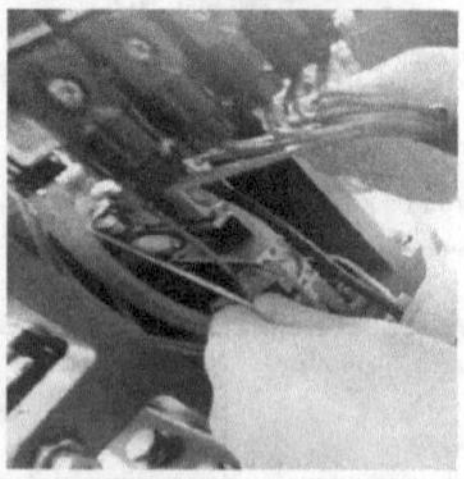	确保气缸伸缩自如,定位气缸伸出到位后按下电磁阀上的按钮手动锁紧气缸,固定气缸上的两颗内六角圆柱头螺钉（两个气缸共四颗）

（续）

步　骤	示　意　图	操作说明及注意事项
第四步： 调节气缸伸缩状态		松开按钮反复伸缩气缸，左图是定位气缸完全伸出的状态
第五步： 锁紧底座的螺钉	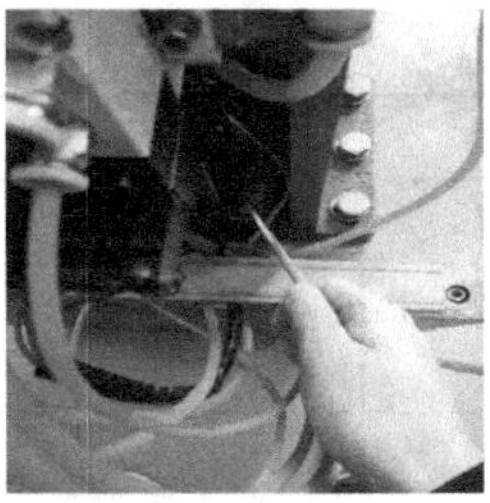	松开按钮反复伸缩气缸，最后一边伸缩气缸一边慢慢锁紧底座的螺钉，确保定位气缸能伸缩自如

四、任务评价（表2-13）

表2-13　任务评价

评价项目	评价内容	分值	个人评价	小组互评	教师评价	得分
理论知识	了解气缸气路的基本知识	5				
	掌握定位气缸的工作原理	10				
	掌握定位气缸装配与调试的基本方法	10				
	熟悉各种气缸的特点、功能和应用	10				
实践操作	学会定位气缸气路的连接方法	10				
	学会定位气缸装配与调试的基本方法	10				
	学会定位气缸的预紧和调节方法	10				
安全文明	遵守操作规程	5				
	职业素质规范化养成	5				
	"7S"管理	5				
学习态度	考勤情况	5				
	遵守实习纪律	5				
	团队协作	10				
	总得分	100				
成果分享	收获之处					
	不足之处					
	改进措施					

项目评价与小结

1. 项目主要技术指标与检测技术及总体评价

在进行下模盘的安装与调整的任务实施时,可以让学生分组,有条件的可以两人为一组进行考核,可以根据学生的装配熟练程度设定考核时间,考核前先将自动冲压机构的转塔部件完全分解,并检查所有零件是否完好,如有缺损,事先补齐,考核计时。

理论知识主要通过学生作业的形式进行个人评价、小组互评和教师评价。实践操作则通过项目任务,根据各学生的完成情况,包括装配方法与装配精度,装配的正确性、灵活性、熟练程度,"7S"执行情况等进行评价(表2-14)。

表2-14 项目评价

评价项目	评价内容	分值	个人评价	小组互评	教师评价	得分
下模盘的安装与调试	清点、清理及清洗零件,准备工、量具	5				
	选择合理的工具及工艺完成下模盘组件的安装,使下模盘转动无卡阻	5				
	调节下模盘径向圆跳动的误差≤0.03mm	10				
	调节上、下模盘同轴度的误差≤0.04mm	10				
链条及相关机构的安装与调整	会进行链条的装配与拆卸工作	10				
	学会联轴器的装调	10				
模盘定位机构的安装与调整	连接定位气缸的气路	10				
	定位气缸的装配与调试	10				
安全文明	遵守操作规程	5				
	职业素质规范化养成	5				
	"7S"管理	5				
学习态度	考勤情况	5				
	遵守实习纪律	5				
	团队协作	5				
	总得分	100				
成果分享	收获之处					
	不足之处					
	改进措施					

2. 项目成果小结

自动冲压机构和转塔部件装置整体安装完后,为了保证产品能顺利工作,必须对其各个部件的运行技术指标进行检测和监控。下模盘安装与调试得好坏,将影响转塔部件上、下模盘的工位准确度,因此安装后需对各个部件的运行技术情况进行检测。

自动冲压机构和转塔部件装置整体安装后需要与控制系统进行统一调试,主要是对自动冲压机构和转塔部件装置实现位置控制,检查自动冲压机构和转塔部件装置是否能正常工作。通电试车前必须检查所有的环节。

拓展练习

　　根据自动冲压机构及转塔部件装配图样（图 2-11），完成上模盘轴（8）组件的装配单元系统图。

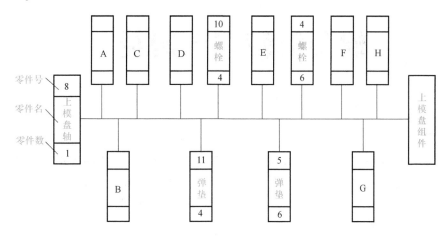

图 2-11　练习图

标号	零件号	零件名	零件数	标号	零件号	零件名	零件数
A				E			
B				F			
C				G			
D				H			

项目三

模具的装配与调整

▶ 项目概述

　　THMDZW-2型机通用机电设备装调与维护实训装置的模具，采用冲压模具，可真实加工工件，主要由方孔模、圆孔模和腰孔模三种模具组成。模具装配是一个有序的过程，装配质量的好坏，直接影响到冲压产品的质量、模具的使用状态和使用寿命。因此，在装配时，操作人员一定要按照装配工艺规程进行装配。

▶ 项目目标

1. 知识目标

1）了解冲压模具的结构。

2）掌握模具的装配方法。

3）掌握模具间隙的调整方法。

2. 能力目标

1）能够正确认知冲模结构。

2）能够完成冲压模具的装配。

3）能够在设备上调试冲压模具。

4）能够流畅无卡阻地进行冲模，且冲出的产品没有毛刺。

▶ 项目分析与工作任务划分

　　1）能够读懂安装模具的装配图。通过装配图，了解零件之间的装配关系、机构的运动原理及功能。

　　2）理解图样中的技术要求，根据技术要求和零件的结构进行安装和调整（表3-1）。

表3-1　零件的安装与调整

序号	项 目	内 容	工 具
1	清洗	清理、清洗零件,选择合适的工具及合理的工艺	煤油,抹布
2	模具安装	安装模具,并能达到功能要求	内六角扳手
3	调整间隙	调整下模盘下料孔与下模盘之间的间隙	
4	冲头高度的调整	冲头高度的调整	游标卡尺,内六角扳手
5	手动测试模具装配精度	对模具的安装进行测试	

① 掌握模具的安装与调整方法。
② 掌握下料口的安装与调整方法。
③ 掌握冲头高度的安装与调整方法。

设备简介

THMDZW-2 型机通用机电设备装调与维护实训装置的自动冲压机构和转塔部件实训单元，是把转塔机构与自动压力机有效集合起来，从而保证产品在加工过程中具有零件一致性好、质量稳定、生产率较高、自动化程度高、可以减轻工人的体力劳动强度等特点，以满足现代制造业对设备的需求。转塔部件分上、下两个模盘，设有四个工位，可用来安装不同的模具。

模具采用真实数控模具，可加工工件；主要由方孔模、圆孔模和腰孔模三种模具组成。步进电动机通过链传动带动上、下模盘同时转动，实现模具调换的功能。

1. 设备模具的规格

通用机电设备装调与维护实训装置配套三种模具，全部采用工业化模具标准制造，用户可根据孔的形状要求选择相应模具（表 3-2）。转塔上设有四个工位，其中三个工位用来安装现有三种模具，另外一个工位可供用户扩展安装其他模具。

表 3-2　模具的规格　　　　　　　　　　　　　　　（单位：mm）

孔的形状	圆孔	方孔	腰形孔
尺寸	$\phi 4$	4×4	4×6

2. 设备模具的装配工艺流程

1）将所有模具零件用煤油或汽油清洗干净，并风干。

2）在内导套中加入润滑油，使油膜均匀分布在内壁中，然后放入冲针。

3）把弹簧下垫块穿过冲针装在内导套上，用紧定螺钉紧固，注意紧定螺钉的顶尖应正好顶在弹簧下垫块的锥槽中，只有这样防松才有效。

4）装上弹簧和弹簧固定螺母，通过旋紧弹簧固定螺母调节弹簧的压紧高度，使之与装配图中的要求一致。

5）紧固弹簧固定螺母上的紧定螺钉。

6）上模装配完毕后将装好的上模与其他模具零件按照装配要求进行总装调试。

3. 模具的维护及保养

（1）模具的刃磨　定期刃磨模具是冲孔质量一致性的保证。定期刃磨模具不仅能提高模具的使用寿命，而且能提高机器的使用寿命。

对于模具的刃磨，没有一个严格的打击次数来确定是否需要刃磨，主要由下面三个因素决定：

1）检查刃口圆角半径，达到 $R0.10$mm 就需要刃磨。

2）检查冲孔质量，若有较大的毛刺产生就需要刃磨。

3）通过机器冲压的噪声来决定是否需要刃磨。如果同一副模具冲压噪声异常，说明冲头已经钝了，需要刃磨。

根据上述具体特征，确定最佳的刃磨时间。

不正常的刃磨会急速加剧模具刃口的破坏，打击次数小于 80000 次冲头刃口的圆角就达到 $R1.0\mathrm{mm}$，就是说模具需要刃磨掉 $1.0\mathrm{mm}$。

当冲头的刃口圆角达到 $0.25\mathrm{mm}$ 时就进行刃磨，则模具的刃口就损坏较慢，寿命会更长。

注：正确的刃磨方法——少量地刃磨。

定期刃磨模具，冲孔的质量和精度可以保持稳定。

（2）刃磨的方法　模具的刃磨有几种方法，最简单的方法是在平面磨床上实现模具的刃磨。

模具刃磨时要考虑以下因素：

1）刃口圆角在 $R0.10 \sim R0.25\mathrm{mm}$ 时要看刃口的锋利程度。

2）建议采用疏松、粗粒、软砂轮进行刃磨。

3）每次的磨削量不应超过 $0.013\mathrm{mm}$，磨削量过大会造成模具表面过热，相当于退火处理，使模具变软，大大降低模具的使用寿命。

4）刃磨时需加足够的切削液。

5）磨削时应保证冲头和下模固定平稳，并采用专用的工装夹具，保证斜刃口能快速、正确地刃磨。

6）模具的刃磨量是一定的，如果达到该数值，冲头就要报废。如果继续使用，容易造成模具和机械损坏，得不偿失。

> **知识链接**

一、冲压模具的装配内容和装配要求

1. 装配尺寸链的概念

装配的精度要求与影响该精度的尺寸构成的尺寸链，称为装配尺寸链。图 3-1 所示为落料冲模的工作部分，装配时，要求保证凸、凹模冲裁间隙。

根据相关尺寸绘出尺寸链图，如图 3-1b 所示。

2. 装配的目的和内容

按照模具的技术要求，将加工完成、符合设计要求的零件和购配的标准件，按设计的工艺进行相互配合、定位与安装、连接与固定成为模具的过程，称为模具装配。模具的装配有组件（部件）装配、总装和调试等阶段，整个装配过程中的调试工作极为重要，在组装尤其是在总装中，常常需要反复装拆、调整、修配，直至试模合格才算装配完成。

模具的质量和使用寿命不仅与模具零件的加工质量有关，更与模具的装配质量有关。比如一副冲裁模，凸模、凹模的尺寸在加工时虽已得到保证，但是，如果装配时调整得不好，凸模、凹模配合间隙不均匀，冲制的工件质量就差，甚至会出废品，模具的寿命也会大大地降低。

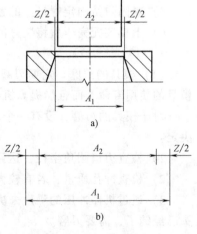

图 3-1　凸、凹模冲裁间隙

3. 装配的精度要求

评定模具精度等级、质量与使用性能的技术要求为：

1）通过装配与调整，使装配尺寸链的精度能完全满足封闭环（如冲模凸、凹模之间的间隙）的要求。

2）装配完成的模具，其冲压、塑料注射、压铸出的制件（冲压件、注射件、压铸件）完全满足技术要求。

3）装配完成的模具使用性能与寿命，可达预期设定的、合理的数值与水平。模具使用性能、寿命与模具装配精度和装配质量有关；还与制件材料、尺寸有关；与其配用的成形设备有关，如冲模配用的压力机精度与刚度不良，则影响到冲模凸、凹模之间间隙的变化和模具的导向精度等。另外，其性能和寿命还与使用、维护有关，如使用环境的温度、湿度、润滑状态等。

二、冲压模具装配规范与要点

1）模具各零件的材料、几何形状、尺寸精度、表面粗糙度和热处理等均应符合图样的要求。零件的工作表面不允许有裂纹和机械伤痕等缺陷。

2）模具装配后，必须保证模具各零件间的相对位置精度，尤其是当制件的一些尺寸与几个冲模零件有关时。

3）装配后的所有模具活动部位，应保证位置准确、配合间隙适当、运动可靠、平稳。固定的零件，应牢固可靠，在使用中不得有松动和脱落的现象。

4）选用或新制模架的精度等级应满足制件所需的精度要求。

5）上模座沿导柱上、下移动应平稳和无阻滞现象，导柱与导套的配合精度应符合标准规定，且间隙均匀。

6）模柄圆柱部分应与上模座上平面垂直，其垂直度误差在全长范围内不大于 0.05mm。

7）所有凸模应垂直于固定板的装配基面。

8）凸模与凹模的间隙应符合图样要求，且沿整个轮廓上的间隙要均匀一致。

9）被冲毛坯定位应准确、可靠、安全，排料和出件应畅通无阻。

10）应符合装配图样上其他的技术要求。

三、冲压模具装配测量方案

1. 模具检测内容（表 3-3）

表 3-3 模具检测内容

模具类型	检测内容	检测说明
冲压模具	模具性能	1）模具各部分牢固可靠，定位准确，活动部分能灵活、平稳、协调地运动 2）模具安装平稳，调整和操作方便、安全，能满足稳定、正常工作和批量生产的需要 3）主要受力零件要有足够的强度和刚度 4）成形零件表面粗糙度值小，刃口锋利 5）导向系统良好 6）卸件正常，废料容易退出，送料方便 7）消耗材料少 8）配件齐全，性能良好

（续）

模具类型	检测内容	检测说明
冲压模具	制件质量	1）尺寸精度、表面粗糙度等应符合图样要求 2）结构完整，表面形状光整、平滑，没有各种成形缺陷 3）冲裁毛刺不能超过规定的数量 4）制件质量稳定
型腔模具	模具性能	1）各工作部分牢固可靠，活动部分能灵活、平稳、协调地运动，定位准确 2）模具安装平稳，调整和操作方便、安全，能满足稳定正常工作和生产率的要求 3）便于投入生产，没有苛刻的成形条件 4）各主要受力零件要有足够的强度和刚度 5）嵌件安装方便、可靠 6）脱模良好 7）加料、取料、浇注金属及取件方便，消耗材料少 8）配件、附件齐全，使用性能良好
	制件质量	1）尺寸精度、表面粗糙度等应符合图样要求 2）结构完整，表面形状光整、平滑，没有各种成形缺陷 3）顶杆残留凹痕不得太深 4）毛刺不得超过规定要求 5）制件质量稳定，性能良好

2. 模具检测标准

（1）模具主要产品标准

1）冲模标准。冲模标准有《冲模滚动导向钢板模架》（JB/T 7182.1～7182.4—1995）；《冲模模架零件技术条件》（JB/T 8070—2008）；《冲模零件　技术条件》（JB/T 7653—2008）；圆凸模与圆凹模（JB/T 5825～5830—2008）。

2）塑料注射模标准。塑料注射模标准有《塑料注射模零件》（GB/T 4169～4170—2006）；《塑料注射模模架技术条件》（GB/T 12556—2006）。

3）压铸模标准。压铸模标准有《压铸模零件》及《压铸模零件技术条件》（GB/T 4678～4679）。

4）拉丝模标准。拉丝模标准有《金刚石拉丝模》（JB/T 3943.2—1999）。

（2）模具质量标准

1）冲模质量标准。冲模质量标准有《冲模技术条件》（GB/T 14662—2006）；《冲模　冲模用钢　技术条件》（JB/T 6058—2017）；《冲模模架技术条件》（JB/T 8050—2008）；《冲模模架精度检查》（JB/T 8071—2008）。

2）塑料模具质量标准。塑料模具质量标准有《塑料注射模技术条件》（GB/T 12554—2006）；《塑封模技术条件》（GB/T 14663—2007）。

3）压铸模具质量标准。压铸模具质量标准有《压铸模技术条件》（GB/T 8844—2003）。

4）辊锻模具质量标准。辊锻模具质量标准有《辊锻模　通用技术条件》（JB/T 9195—2017）；《紧固件冷镦模　技术条件》（JB/T 4213—2014）；《冷锻模具用钢及热处理技术条件》（JB/T 7715—1995）。

任务 冲压模具的安装与调整

一、安装工艺流程、技巧、方法

1. 冲模装配示例

冲压模具的装配包括组件装配和总装配，即在完成模架、凸模、凹模部分组件装配后，进行模具的总装。

（1）组件装配

1）模柄的装配。模柄主要是用来保持模具与压力机滑块的连接，它装配在模座板中，常用的模柄装配方式有：

① 压入式模柄的装配。压入式模柄的装配如图 3-2 所示，它与上模座孔采用 H7/m6 过渡配合并加销钉（或螺钉）防止转动，装配后将端面在平面磨床上磨平。该种模柄结构简单，安装方便，应用较广泛。

② 旋入式模柄的装配。旋入式模柄的装配如图 3-3 所示，它通过螺纹直接旋入模板上而固定，用紧定螺钉防松，装卸方便，多用于一般冲模。

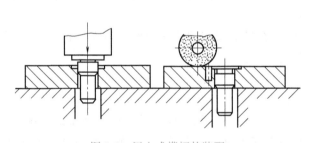

图 3-2 压入式模柄的装配

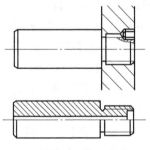

图 3-3 旋入式模柄的装配

2）导柱和导套的装配。压入式模架中导柱、导套与上、下模座的配合为 H7/r6。其装配方法一般有两种：一种是以导柱为装配基准，先装导柱，后装导套；另一种是以导套为装配基准，先装导套，后装导柱。这两种方法都应预先选配导柱、导套，以符合对应导柱、导套的配合要求。图 3-4 所示为以导柱为装配基准的装配方法。

3）凸模、凹模组件的装配。凸

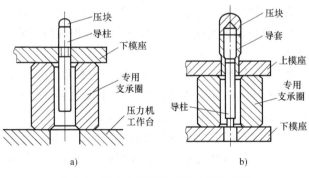

图 3-4 以导柱为装配基准的装配方法

a）压入导柱 b）压入导套

模、凹模组件的装配主要是指凸模、凹模与固定板的装配，其配合常采用 H7/m6。

4) 弹压卸料板的装配。弹压卸料板起压料和卸料的作用。装配时，应该保证它与凸模之间有适当的间隙。

将弹压卸料板套在已装入固定板的凸模内，在固定板与卸料板之间垫上平行垫块，并用平行夹板将它们夹紧，然后按照卸料板上的螺孔在固定板上钻出锥窝，拆开后钻固定板上的螺钉过孔。

（2）总装配　模具的主要组件装配完毕后开始进行总装配。在装配前要确定三件事：一是检查模架的导柱、导套的活动是否顺畅和模座上、下平面的平行度是否符合要求；二是确定上、下模座的相关孔洞的加工方法；三是确定装配顺序。

1）相关孔洞的加工。

① 配作法。即将凹模或固定板用平行夹板装夹在上模座或下模座上，然后根据凹模或固定板上的相关孔洞，在上模座或下模座上以引钻或划线的方式加工出相关孔，用这种方法加工出来的孔的位置比较有保证，但模柄孔、模座漏料孔等加工工序会有交叉，造成装配效率较低。

② 分别加工法。即对上、下模座上所有孔洞，根据图样要求先进行划线加工，然后再进入装配，这种装配方法效率较高，但如果方法运用不当，很容易造成上、下模错位而无法装配。

2）装配顺序的确定。为了使凸模和凹模易于对中，总装时必须考虑上、下模的装配次序，否则可能出现无法装配的情况。上、下模的装配次序与模具结构有关，通常是看上、下模中哪个位置所受的限制大就先装，再用另一个去调整位置。根据这个道理，一般冲裁模的上、下模装配次序可按下面的原则来选择：

① 对于无导柱模具，凸、凹模的间隙是在模具安装到机床上时进行调整的，上、下模的装配次序没有严格的要求，可以分别进行装配。

② 对于凹模装在下模座上的导柱模，一般先装下模。

③ 对于导柱复合模，一般先装凸凹模。

（3）冲裁模装配实例　现以图3-5所示的冲孔落料级进模为例，说明冲模的装配方法。在装配之前，必须仔细研究图样，根据模具结构的特点和技术要求，确定合理的装配次序和装配方法。此外，还应检查模具零件的加工质量，如凸模、凹模和凸凹模刃口尺寸，固定板、卸料板厚度等，然后按照规定的技术要求进行装配。装配的次序和方法如下：

1）分析阅读装配图。从装配图中分析理解该模具是按先冲孔、后落料的级进方式进行工作的。

① 在一般情况下采用标准模架，方便且可减少加工量。

② 通过读图可以知道各零件的连接关系，凹模与下模座通过定位销和螺钉紧固连接，以保证凹模对正下模座的压力中心位置。

③ 凸模与固定板及顶板通过压紧配合和螺钉连成一个组件。

④ 凸模与凹模间隙的均匀程度由装配保证，其方法有很多种，一般都是在设计时就已确定。

⑤ 凸模组件与上模座通过定位销和螺钉紧固连接，在装配时要保证它们的位置关系。

⑥ 其他零件按图示位置连接。

2）装配凸模、固定板、顶板组件。

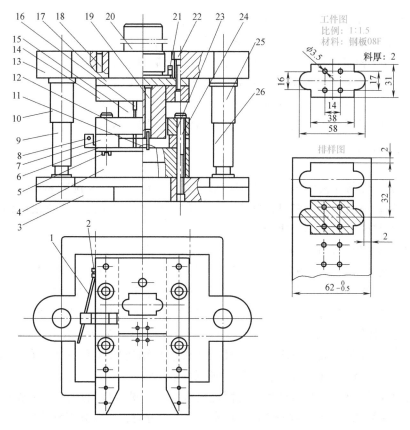

图 3-5　冲孔落料级进模

1—簧片　2、5、24—螺钉　3—下模座　4—凹模　6—支承导料　7—导料板　8—始用挡料销　9、26—导柱
10、25—导套　11—挡料钉　12—卸料板　13—上模座　14—凸模固定板　15—落料凹模　16—冲孔凸模
17—垫板　18、23—圆柱销　19—导正销　20—模柄　21—防转销　22—内六角圆柱头螺钉

① 把两件凸模分别压入到固定板中，尾端与板平齐。

② 完工后把凸模尾端与固定板的大平面磨平，保证接触面的平面度要求。

③ 通过螺钉把垫板与凸模及固定板连成一体。

3）装配下模部分。

① 以下模座 3 的中心线为基准，找正凹模 4 的位置后，用平行夹板将凹模与下模座夹紧。

② 将凹模与下模座压紧在工作台面上。

③ 以凹模上的螺钉过孔、销孔为引导，在下模座上钻螺纹孔底孔，攻螺纹，钻、铰销孔，完工后打入圆柱销 23 定位。

④ 在下模板上钻出螺钉沉头孔，将凹模 4、固定卸料板 12、导料板 7 都装在下模座 3 上，以圆柱销 23 定位，用螺钉 24 连接。

4）装配上模部分。

① 以上模座 13 为上模部件的基准件，压装导套 10 和 25。

② 在上模座 13 上压装模柄 20 后磨平，骑缝配钻、铰防转销孔，装上防转销 21。

③ 在凹模刃口周边放上适当厚度的金属片，控制单边的间隙。

④ 把凸模组件的凸模插入凹模型孔的深度保持在 1mm 左右，用等高铁垫平面。

⑤ 把上模座的导套对正下模座的导柱轻轻合上，平放在垫板上。

⑥ 观察没有问题后，将整个模座压紧在工作台面上。

⑦ 配钻、铰上模板与固定板的定位销孔，完工之后打入定位销。

⑧ 配钻、攻固定板上的螺孔及上模板上的沉头过孔，完工之后旋入螺钉并紧固。

⑨ 以上模板的上平面定位，平磨凸模的刃口，达到装配要求。

5）装配其他零件。把导正销、挡料钉等按图示位置装配好。

6）检验、试冲。

2. 塑料模装配示例

塑料模具的装配与冲模的装配有很多相似之处，也包括组件装配和总装配。但塑料模具成型塑件时，是在高温、高压和黏流状态下成型的，所以各相对配合零件之间的配合要求更为严格，模具的装配工作就更为重要。

（1）成型零件的装配（图3-6）

1）型芯的装配。型芯与型芯固定板型孔采用过渡配合，装配前应检查型芯与型孔的配合是否太紧。若过紧，压入型芯时会使固定板产生变形，影响装配精度，所以应修正固定板型孔或型芯安装部分的尺寸。为便于压入，应在型芯端部或固定板型孔的入口处四周修出 $10'\sim20'$ 的斜度，如图3-6所示。型芯压入前表面涂润滑油，固定板放在等高垫块上，型芯端部放入固定板型孔时，应校正垂直度，然后缓慢、平稳地压入到一半左右再校正垂直度，型芯全部压入后还要测量其垂直度，最后磨平尾部。

2）型腔的装配。单件圆形整体型腔与固定板的装配（图3-7）的关键是型腔角向位置的调整并最终定位。采用的方法是，在型腔压入固定板一小部分时，用百分表校正型腔工作面的平直部分，位置要求不高的，可先在型腔端部、固定板上下平面上划出找正线，型腔小、形状不规则的则用光学显微镜测量。如位置有偏差，用管钳等工具将其夹住转至正确位置，再缓慢、平稳地压入固定板，然后以型腔上的销孔导向、配钻、铰固定板上的防转销孔，并装上防转销。

同一块固定板上需装配两个以上型腔，且动、定模板之间有精确相对位置要求的（图3-8），装配应按以下步骤进行：以定模镶件1的型孔作为基准，插入工艺定位销钉，然后套上推块4，作为定位套，压入型腔凹模3。而型芯固定板5上的型芯固定型孔以推块4的型孔作为导向，进行反向配钻、配铰即可。

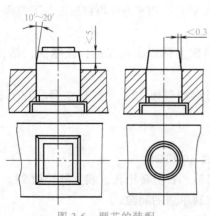

图3-6 型芯的装配

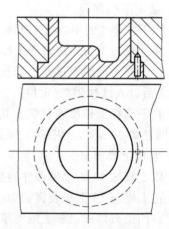

图3-7 型腔的装配

（2）推出机构的装配 塑料模常用的推出机构是推杆推出机构，推杆的作用是推出塑件，如图3-9所示。

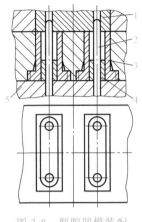

图3-8 型腔凹模装配

1—定模镶件 2—型芯 3—型腔凹模

4—推块 5—型芯固定板

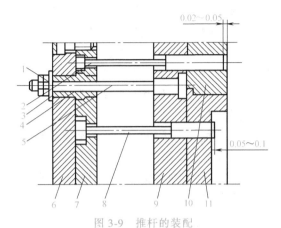

图3-9 推杆的装配

1—螺母 2—复位杆 3—垫圈 4—导套 5—导柱 6—推板

7—推杆固定板 8—推杆 9—支承板 10—动模板 11—型腔镶块

1）推杆的装配要求。装配后运动灵活、无卡阻现象，推杆在固定板孔每边应有0.5mm的间隙，推杆工作端面应高出型面0.05～0.10mm，完成塑件推出后，应能在合模时自动退回原始位置。

2）推出机构的装配顺序。

① 先将导柱5垂直压入支承板9并将端面与支承板一起磨平。

② 将装有导套4的推杆固定板7套装在导柱上，并将推杆8、复位杆2装入推杆固定板、支承板9和型腔镶块11的配合孔中，盖上推板6用螺钉拧紧，并调整使其运动灵活。

③ 修磨推杆和复位杆的长度。当推板6和垫圈3接触时，复位杆、推杆低于型面，则修磨导柱的台肩。当推杆、复位杆高于型面时，则修磨推板6的底面。一般在加工时将推杆和复位杆留长一些，装配后将多余部分磨去。修磨后的复位杆应低于型面0.02～0.05mm，推杆则应高于型面0.05～0.10mm。

（3）抽芯机构的装配 塑料模常用的抽芯机构是斜导柱抽芯机构，如图3-10所示。

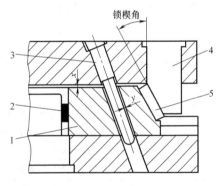

图3-10 斜导柱抽芯机构

1—滑块 2—壁厚垫片 3—斜导柱

4—锁紧楔 5—垫片

装配技术要求如下：

合模后，滑块的上平面与定模平面必须留有 $x=0.2\sim0.8$mm的间隙；斜导柱外侧与滑块斜导柱孔留有 $y=0.2\sim0.5$mm的间隙。

抽芯机构的装配顺序如下：

1）型芯装入型芯固定板为型芯组件。

2）安装导滑槽。按设计要求在固定板上调整滑块和导滑槽的位置，待位置确定后，用夹板将其夹紧，钻导滑槽安装孔和动模板上的螺孔，安装导滑槽。

3）安装定模板锁楔。保证锁楔斜面与滑块斜面有 70% 以上的面积紧贴（如侧芯不是整体式，在侧芯位置垫以相当塑件壁厚的铝片或钢片）。

4）合模。检查间隙 x 值是否合格（通过修磨和更换滑块尾部垫片保证 x 值）。

5）镗导柱孔。将定模板、滑块和型芯组一起用夹板夹紧，在卧式镗床上镗斜导柱孔。

6）松开模具，安装斜导柱。

7）修正滑块上的导柱孔口为圆环状。

8）调整导滑槽，使其与滑块松紧适应，钻导滑槽销孔，安装销钉。

9）镶侧型芯。

（4）总装配　由于塑料模结构比较复杂，种类多，故在总装配时，应根据其结构特点做好以下几方面的工作：

1）装配前，装配者应熟知模具结构的特点和各部分功能并熟悉产品及技术要求；确定装配顺序和装配定位基准以及检验标准和方法。

2）所有成型件、结构件应当是经检验确认的合格品。

3）装配的所有零、部件，均应经过清洗、擦干。有配合要求的，装配时涂以适量的润滑油。装配所需的所有工具，应清洁，无垢无尘。

4）中、小模具的组装、总装应在装配机上进行，方便、安全。无装配机的应在平整、洁净的平台上进行——尤其是精密部件的组装，更应在平台上进行。大模具或特大模具，在地面上装配时，一是地面要平整、洁净，二是要垫以高度一致、平整、洁净的木板。

5）过盈配合（H7/m6、H7/n6）和过渡配合（H7/k6）的零件装配，应在压力机上进行，一次装配到位。无压力机需进行手工装配时，不允许用铁锤直接敲击模具零件（应垫以洁净的木方或木板），只能使用木质或铜质的榔头。

塑料模常规装配顺序见表 3-4。

表 3-4　塑料模常规装配顺序

序　号	步　骤
1	确定装配基准
2	装配前要对零件进行测量,合格零件必须去磁并将零件擦拭干净
3	调整各零件组合后的累积尺寸误差,如各模板的平行度要校验修磨,以保证模板组装密合,分型面处吻合面积不得小于 80%,防止产生飞边
4	装配中尽量保持原加工尺寸的基准面,以便总装合模调整时检查
5	组装导向系统,并保证开模、合模动作灵活,无松动和卡滞现象
6	组装修整顶出系统,并调整好复位及顶出位置等
7	组装修整型芯、镶件,保证配合面间隙达到要求
8	组装冷却或加热系统,保证管路畅通,不漏水、不漏电,阀门动作灵活
9	组装液压或气动系统,保证运行正常
10	紧固所有连接螺钉,装配定位销
11	试模合格后打上模具标记
12	最后检查各种配件、附件及起重吊环等零件,保证模具装备齐全

二、工、量具选用及解决方案

1. 工、量具选用（表3-5）

表3-5 工、量具选用

名　　称	用　　途	精　　度
游标卡尺	测量相交构造尺寸,一般线性尺寸	0.02mm
精密千分尺	测量线性尺寸直径等	0.001mm
块规	测量物件高度、间隙	0.1mm
高度仪	测量模具部件高度、深度等	0.001mm
投影仪	测量相交构造尺寸,一般线性尺寸	0.01mm
工具显微镜	测量坐标尺寸,一般线性尺寸	0.01mm
手动三坐标测量机	测量坐标尺寸,一般线性尺寸	0.01mm
半径样板	测量工件半径	0.05mm
针规	测量样品直径、间隙等	0.005mm
千分表	测量高度、平面度、垂直度等	0.001mm
塞尺	检测变形间隙	0.02mm
圆度仪	测量圆度、同心度、全跳动	0.005mm
自动三坐标测量机	测量坐标尺寸、几何误差、空间相交结构、圆球形、公差带、曲面等	0.002mm
表面粗糙度仪	测量样品表面粗糙度	0.1μm
硬度计	测量模具钢材、零件的硬度	0.2HRC
电子秤	称量样品质量	0.01g
维氏拉力计	检测样品力度要求用	0.1kg
螺纹样板	检测粗细螺牙、蜗杆、螺杆等	0.1mm
辅助夹具	制品测量夹具、成形夹具	—
常用工具	披锋刀,锯条	—

2. 冲压模具易出现的问题及解决方案

（1）模具磨损严重（表3-6）

表3-6 模具磨损严重的原因及解决方案

问　　题	原　　因	解决方案
模具磨损严重	不合理的模具间隙(偏小)	增加模具间隙
	上、下模不对中	工位调整,上、下模对中
	没有及时更换已经磨损的模具导向组件及转塔的镶套	更换
	冲头过热	1)在板料上加润滑油 2)在冲头和下模之间保证润滑 3)在同一个加工过程中使用多个同样规格尺寸的冲头
	刃磨方法不当,造成模具退火,从而造成磨损加剧	1)采用软磨料砂轮 2)经常清理砂轮 3)采用小的背吃刀量 4)加入足够的切削液
	步冲加工	1)增大步距 2)采用桥式步冲

（2）冲头带料及冲头粘连（表 3-7）

表 3-7　冲头带料及冲头粘连的原因及解决方案

问　题	原　因	解决方案
冲头带料及冲头粘连	不合理的模具间隙（偏小）	增加模具间隙
	冲头刃口钝化	及时刃磨
	润滑不良	改善润滑条件

（3）卸料困难（表 3-8）

表 3-8　卸料困难的原因及解决方案

问　题	原　因	解决方案
卸料困难	不合理的模具间隙（偏小）	增加模具间隙
	冲头磨损	及时刃磨
	弹簧疲劳	更换弹簧
	冲头粘连	除去粘连

（4）冲压噪声（表 3-9）

表 3-9　冲压噪声的原因及解决方案

问　题	原　因	解决方案
冲压噪声	卸料困难	增加下模间隙、良好润滑、增加卸料力
	板料在工作台上级转塔内的支承问题	减小工件尺寸,增加工件厚度
	板料厚	尽量采用薄板

三、项目操作实施（表 3-10）

表 3-10　实施步骤

步　骤	示意图	操作说明及注意事项
第一步： 冲压模具凸模调整 （凸模作为基准件对中法）		1）将三把刀具上面的螺钉松开
		2）将中间的紧固螺钉用 2mm 的内六角扳手拧松

（续）

步　　骤	示　意　图	操作说明及注意事项
第一步： 冲压模具凸模调整 （凸模作为基准件对中法）	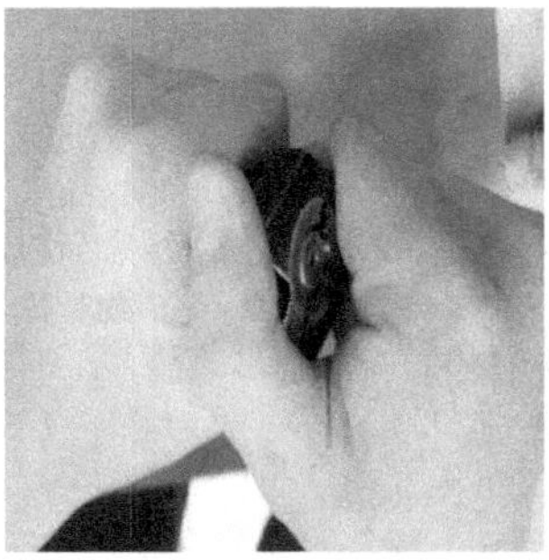	3）用手拧松刀具，使刀具的刀头伸出
		4）刀头伸出后的刀具如左图所示
第二步： 安装凸模		1）先准备好外导套上的螺钉，套上垫圈、垫片
		2）将外导套的键槽移动到中间位置

（续）

步　骤	示　意　图	操作说明及注意事项
第二步： 安装凸模		3）固定外导套上的螺钉。将外导套上的螺钉拧紧
		4）将螺钉、弹簧支片、弹簧准备好
		5）将螺钉套入在弹簧支片上
		6）再将弹簧套在螺钉上

（续）

步　　骤	示　意　图	操作说明及注意事项
第二步： 安装凸模		7）安装在上模盘上
		8）将三把刀具对应凹模放在相应的位置
第三步： 对模		1）将凸模模具刀头压进凹模固定块内
		2）拧紧下模固定块下端的螺钉。注意，拧的时候一点一点拧，拧一段螺钉就要松掉下压的刀具，看是否顺畅。如果有卡阻，就要松掉螺钉重复以上动作。按照此方法校对三把刀具，校对完毕后将刀具拿下来，使刀头缩回

（续）

步　骤	示　意　图	操作说明及注意事项
第四步： 校棒对模	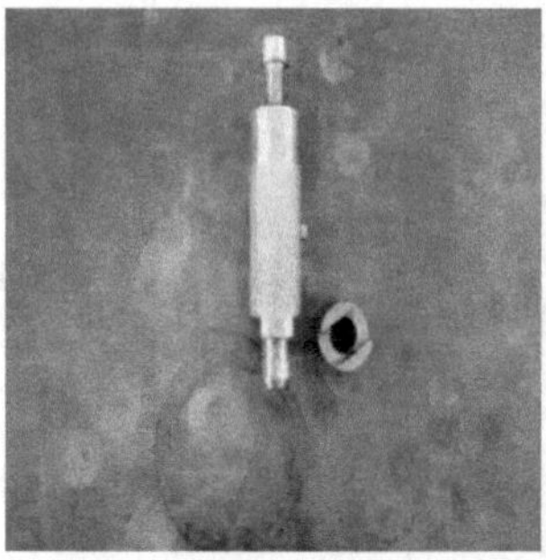	校棒分为上、下两部分,如左图所示
		1)用四颗 M6×12mm 不锈钢内六角圆柱头螺钉把外导套固定在上模盘 1 号工位的孔内(注意:外导套上键槽应在里面),将螺钉预紧
		2)定位销伸出锁死。将校棒下模紧贴着下模固定块,用不锈钢内六角圆柱头螺钉把下模固定块 2 固定在下模上,将螺钉预紧
		3)把模具校棒上模部分从外导套上插入校棒下模部分,调整上、下模具的同心。上下移动校棒,看校棒还能否灵活地移动,一边移动一边拧紧下端的螺钉。等到螺钉拧紧后,再次上下移动校棒,看校棒还能否灵活地移动。如果可以,对模完成;如果不能,则松开螺钉继续对模

（续）

步　骤	示　意　图	操作说明及注意事项
第四步： 校棒对模		4）调整好后把一套校棒取下放好，再把方孔模具的下模装配在下模固定块 1 和下模固定块 2 之间，用 M5×30mm 内六角圆柱头螺钉把下模固定块 1 固定在下模固定块 2 上，将螺钉拧紧
第五步： 手动试模		1）安装完毕后，使用手动对模检查是否校对成功 将刀具放在模盘上，选择（与刀具匹配的）一个刀位，伸出定位销，保证定位销完全伸出并且定位可靠，然后用铜棒放在刀具和冲头之间下压。如果发现刀具可以下压，表示模具可以使用；如果不可以，就是校对错误，需要重新校对
		2）开始试冲。试冲的时候一定要将下料机构放在模盘下端，以免造成机器损坏。从一号刀位开始，先伸出定位销，使定位销伸出到位并且定位可靠。然后将铝板放在刀具下方，另一只手按后面的电磁阀处的冲头按钮，开始试刀。冲完三种模具孔后，观察铝板上的毛刺。毛刺较大说明模没有对好，毛刺较小或没有毛刺，说明模具校对很好
第六步： 冲头高度调整		用游标卡尺测量 6mm 的内六角扳手，将扳手放在加工冲头与模具中间，通过调整弹簧支片的两颗螺钉来调节模具的高度。来回移动内六角扳手，感觉有轻微卡阻即可（测量模具与冲压缸冲头之间的间隙）

（续）

步　骤	示　意　图	操作说明及注意事项
第七步： 安装下模盘下料机构		1）用塞尺先测量出下模盘与下料机构之间的间隙
		2）选择合适的铜片，将铜片剪成合适的形状垫在下料机构和大铜片之间
		3）将铜片放在落料孔下方再次测量下模盘与其间隙，符合要求后继续下一步骤，如果不符合要求，重复1）、2）步骤
		4）将落料孔和铜片安装在下模盘下，锁紧螺钉

（续）

步　　骤	示　意　图	操作说明及注意事项
第七步： 安装下模盘下料机构		5）锁紧螺钉后，再次用塞尺测量下模盘与下料机构之间的间隙

▶ 项目评价与小结

1. 项目主要技术指标与检测技术及总体评价

设备上模具装配的任务评价，可以让学生分组进行，有条件的可以两人为一组进行考核，可以根据学生的装配熟练程度设定考核时间，考核计时。

理论知识主要通过学生作业的形式进行个人评价、小组互评和教师评价。实践操作则通过项目任务，根据各学生的完成情况，包括安装方法与安装精度，操作的灵活性、熟练程度、7S 执行情况等进行评价（表 3-11）。

表 3-11　项目评价

评价项目	评价内容	分值	个人评价	小组互评	教师评价	得分
理论知识	了解模具的基本知识	5				
	掌握模具装配与调试的基本方法	10				
实践操作	冲压模具的安装与调试	15				
	调整下模盘下料孔与下模盘之间的间隙，$0.05\text{mm}<\delta<0.1\text{mm}$	10				
	冲头高度调整，冲头距上模总成打击头距离应为（6 ± 0.5）mm	10				
	测试模具安装的精度	15				
安全文明	遵守操作规程	5				
	职业素质规范化养成	5				
	"7S"管理	5				
学习态度	考勤情况	5				
	遵守实习纪律	5				
	团队协作	10				
	总得分	100				
成果分享	收获之处					
	不足之处					
	改进措施					

2. 项目成果小结

通过对设备中冲压模具的安装、调试的操作训练，学生应能够独立完成模具的安装与调试；培养在设计和动手实践过程中主动发现问题并解决问题的能力；同时，以课程为载体培养学生健康的人格和身心、劳动安全和环保意识，为以后的学习打下基础。

▶ 拓展练习

1）简述塑料模的装配过程。

2）根据下列要求重新完成模具安装（表3-12）。

表3-12 任务要求

项　　目	工 作 内 容	工 作 要 求
模具安装	1. 根据工作任务,选择模具工位	1号工位为方孔模,2号工位为圆孔模,3号工位为腰孔模
	2. 调整间隙	调整下模盘下料孔与下模盘之间的间隙,下模盘下料孔与下模盘之间的间隙为0.05~0.1mm
	3. 调整冲压高度	冲头高度的调整,冲头距上模总成打击头距离应为(6±0.5)mm
	4. 测试模具安装精度	手动试模使模具工作平稳、灵活,上、下模具对中,不允许有卡阻现象

项目四

二维工作台的装配与调整

项目概述

    随着现代制造技术的不断发展，机械传动机构的定位精度、导向精度和进给速度不断提高，使传统的传动、导向机构发生了重大变化。直线导轨、滚珠丝杠的应用极大地提高了各种机械的性能。直线导轨副以其独有的特性，逐渐取代了传统的滑动直线导轨，广泛地应用在精密机械、自动化、各种动力传输、半导体、医疗和航空航天等产业中。机械行业使用直线导轨，适应了现今机械对于高精度、高速度、节约能源以及缩短产品开发周期的要求，已广泛用于各种重型组合加工机床、数控机床、高精度电火花切割机、磨床、工业用机器人乃至一般产业用机械。滚珠丝杠由螺杆、螺母和滚珠组成，能将回转运动转化为直线运动，或将直线运动转化为回转运动。由于摩擦阻力很小，滚珠丝杠被广泛应用于各种工业设备和精密仪器，其主要功能是将旋转运动转换成线性运动，或将转矩转换成轴向反复作用力，同时兼具高精度、可逆性和高效率的特点。

    二维工作台主要由直线导轨、滚珠丝杠副、底板、中滑板和上滑板等构成。二维工作台的装配与调试，是对机床进给、传动系统等的仿真训练。

项目目标

    1. 知识目标

    1）通过识读二维工作台的装配图样，理清零部件之间的装配关系，理解机构的运动原理及功能，并能根据图样中的技术要求，熟悉基本零部件的结构以及装配和调试方法等。

    2）能够规范合理地写出二维工作台的装配工艺过程。

    3）学会二维工作台的拆装方法。

    4）掌握二维工作台各零部件装配的特点。

    2. 能力目标

    1）装配直线导轨和滚珠丝杠的过程规范，方法正确，使用工、量具合理。

    2）能够进行设备几何误差的准确测量和分析，并有效实施设备精度调整。

    3）二维工作台各零部件装配定位可靠，移动零部件灵活无卡阻现象。

    4）能对常见故障进行判断分析。

项目分析与工作任务划分

    1）能够读懂二维工作台部件装配图（见设备配套装配图）。通过装配图，了解零件之间的装配关系，机构的运动原理及功能。

2）理解图样中的技术要求，根据技术要求和零件的结构进行安装和调整（表4-1）。

① 正确掌握轴承的装配方法和装配步骤。

② 正确掌握导轨、丝杠的装配方法和装配步骤。

③ 正确使用工具、量具，会检测二维工作台的各项几何误差，并能调整各项几何误差。

④ 了解二维工作台的位置控制方法，以及二维工作台的驱动方法。

表4-1　二维工作台部件安装内容及工具选择

项　目	内　容	工　具
二维工作台的安装	底板	内六角扳手、表架、杠杆百分表
	X 轴导轨	
	轴承座	内六角扳手、表架、百分表、滑块
	轴承一	套筒、钳工锤、铜棒
	丝杠一	
	端盖一	内六角扳手
	同步带轮一	月牙扳手、呆扳手
	中滑板	内六角扳手
	Y 轴导轨	
	中滑板轴承座	内六角扳手、表架、百分表、滑块
	轴承二	套筒、钳工锤、铜棒
	丝杠二	
	端盖二	内六角扳手
	同步带轮二	月牙扳手、呆扳手
	上滑座	内六角扳手
	夹爪	
	传感器	十字螺钉旋具
	XY 电动机	十字螺钉旋具、内六角扳手
	防护罩	内六角扳手

> **设备简介**

一、二维工作台实训装置简介

二维工作台是浙江天煌科技实业有限公司生产的 THMDZW-2 型机械设备装调与控制技术实训装置中的送料机构，它是集机械运动与电气控制于一体的最典型的机构之一。二维工作台由底板、中滑板、上滑板、直线导轨副、滚珠丝杠副、轴承座、轴承内隔圈、轴承外隔圈、轴承预紧套管、端盖、丝杠螺母支座、圆螺母、夹爪、接近开关、接近开关支架、同步带轮、等高垫块、轴承座调整垫片、丝杠螺母支座调整垫片、带轮挡圈、弹性联轴器、角接触轴承（7202AC）、深沟球轴承（6202-2RZ）、导轨定位块、导轨夹紧装置等组成的，如图

4-1 所示。

二、二维工作台的装调内容

1）能够读懂送料机构（二维工作台）装配图。通过装配图，能够弄清楚零件之间的装配关系，机构的运动原理及功能。

2）理解图样中的技术要求，根据技术要求和基本零件的结构进行装配和调整。

① 正确掌握轴承的装配方法和装配步骤。

② 正确掌握导轨、丝杠的装配方法和装配步骤：

a. 检测导轨与基准面的平行度误差，并进行调整。

图 4-1　二维工作台示意图

b. 检测导轨与导轨的平行度误差，并进行调整。

c. 检测导轨与丝杠的平行度误差，并进行调整。

d. 检测两轴承座中心的等高度误差，并进行调整。

e. 检测上、下导轨运动的垂直度误差，并进行调整。

3）能够规范合理地写出送料机构（二维工作台）的装配工艺过程。

4）装配的规范化。

① 正确地使用工、量具。

② 采用合理的装配顺序。

③ 传动部件主次分明。

④ 运动部件润滑良好。

5）二维工作台的驱动系统以及安装方式。

▶ 知识链接

一、机械装配与调试技术的基本内容

一部机械产品往往由成千上万个零件组成，机械装配与调试就是把加工好的零件按设计的技术要求，以一定的顺序和技术连接成套件、组件、部件，最后组合成为一部完整的机械产品，同时进行一定的测量、检验、调试，以可靠地实现产品设计的功能。因此，机械装配与调试是机器制造过程中的最后一个环节，是机械制造中最后决定机械产品质量的关键环节。为保证有效地进行装配工作，通常将机器划分为若干能进行独立装配的装配单元。其中零件是制造的单元，是组成机器的最小单元；套件是在一个基准零件上，装上一个或若干个零件构成的，是最小的装配单元；组件是在一个基准零件上，装上若干套件及零件而构成的；部件是在一个基准零件上，装上若干组件、套件和零件而构成的，在机器中能完成一定的、完整的功能；总装是在一个基准零件上，装上若干部件、组件、套件和零件，最后成为整个产品的过程。产品装配完成后需要进行各种检验和试验，以保证其装配质量和使用性

能；有些重要的部件装配完成后还要进行测试。因此，即使是全部合格的零件，如果装配不当，往往也不能形成质量合格的产品。所以，机械装配和调试的质量，最终决定了机械产品的质量。

1. 认识二维工作台实训装置

对照 THMDZW-2 型机械装调技术综合实训装置，了解二维工作台装置及其各个组成部分，以及主要功能及装配关系，了解轴承的型号类型、滚珠丝杠的型号类型，了解二维工作台机械结构调试的主要任务。

2. 二维工作台实训装置零件分组实训

实训装置为天煌 THMDZW-2 型机械装调技术综合实训装置二维工作台，学生分组实训，以小组的形式完成各类零件的装配，阅读天煌 THMDZW-2 型机械装调技术综合实训装置二维工作台的装配图，以及装配要求，对各个不同部件对应的零件按尺寸大小和规格，包括所有装配的零件进行分组，了解装配关系，认识零件的作用。

二、轴承的装配与调整

1. 常用滚动轴承的类型

滚动轴承一般由内圈、外圈、滚动体和保持架所组成，内圈装在轴径上，与轴一起转动。外圈装在机座的轴承孔内，一般不转动。内外圈上设置有滚道，当内外圈相对旋转时，滚动体沿着滚道滚动，保持架使滚动体均匀分布在滚道上，减少滚动体之间的碰撞和磨损。滚动轴承的内外圈和滚动体应具有较高的硬度和接触疲劳强度，良好的耐磨性和冲击韧性，一般用特殊的轴承钢制造，常用材料有 GCr15、GCr15SiMn、GCr6、GCr9 等。滚动轴承的工作表面必须经磨削抛光，以提高其接触疲劳强度。保持架多用低碳钢板通过冲压成形方法制造，也可以采用有色金属或塑料等材料制造。为了适应某些特殊要求，有些滚动轴承还要附加其他特殊元件或采用特殊结构，如轴承无内圈或外圈，带有防尘密封结构或外圈上加止动环等。

常用滚动轴承的类型有很多种，根据轴承功能和用途不同可以有不同的分类。

1) 按承载方向或公称接触角 α 的大小分。滚动轴承可以分为向心轴承和推力轴承两大类。

① 向心轴承由径向角接触轴承和向心角接触轴承组成。

径向角接触轴承：公称接触角 $\alpha = 0°$，主要承受径向载荷，可承受较小的轴向载荷。

向心角接触轴承：公称接触角 $\alpha = 0° \sim 45°$，同时承受径向载荷和轴向载荷。

② 推力轴承由轴向角接触轴承和推力角接触轴承组成。

推力角接触轴承：公称接触角 $\alpha = 45° \sim 90°$，主要承受轴向载荷，可承受较小的径向载荷。

轴向角接触轴承：公称接触角 $\alpha = 90°$，只能承受轴向载荷。

2) **按滚动体形状分** 滚动轴承可以分为球轴承、圆柱滚子轴承、圆锥滚子轴承和滚针轴承等。滚动体形状如图 4-2 所示。在外廓尺寸相同的条件下，滚子轴承比球轴承的承载能力和耐冲击能力都好，但球轴承摩

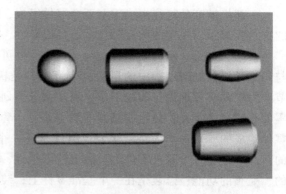

图 4-2　轴承滚动体

擦小，高速性能好。图 4-3a 所示为球轴承外形，图 4-3b 所示为双列圆柱滚子轴承外形。

a)　　　　　　　　　　　　　　　　　　　　　　　　　　　　b)

图 4-3　轴承外形

a）球轴承　b）滚子轴承

3）按工作时能否调心可分为调心轴承和非调心轴承。

4）按安装轴承时其内、外圈可否分别安装，分为可分离轴承和不可分离轴承。

5）按公差等级可分为 0、6、5、4、2 级滚动轴承，其中 2 级精度最高，0 级为普通级。另外还有用于圆锥滚子轴承的 6X 级公差等级。

6）按照运动方式可分为回转运动轴承和直线运动轴承。

2. 轴承与轴、轴承孔的配合

为了防止轴承内圈与轴、外圈与外壳孔在机器运转时产生不应有的相对滑动，必须选择正确的配合。通常轴与轴承内圈采用适当的紧配合，这是防止轴与轴承内圈相对滑动的最简单而有效的方法。采用适当的紧配合可使轴承套在运转时受力均匀，以使轴承的承载能力得到充分的发挥。但是轴承的配合又不能太紧，否则会因内圈的弹性膨胀和外圈的收缩使轴承径向游隙减小以至完全消除，从而影响正常运转。一般情况下，轴承与孔的配合相比轴承与轴的配合的公差等级较松。

（1）公差等级的选择　与轴承配合的轴或轴承座孔的公差等级与轴承精度有关。与 P0 级精度轴承配合的轴，其公差等级一般为 IT6，轴承座孔的公差等级一般为 IT7。对旋转精度和运转的平稳性有较高要求的场合（如电动机等），应选择轴的公差等级为 IT5，轴承座孔的公差等级为 IT6。

（2）公差带的选择　当量径向载荷 P 分成"轻""正常"和"重"载荷等几种情况，其与轴承的额定动载荷 C 的关系为：轻载荷 $P \leq 0.06C$，正常载荷 $0.06C < P \leq 0.12C$，重载荷 $P > 0.12C$。

1）轴公差带。安装向心轴承和角接触轴承的轴的公差带参照相应公差带表。就大多数场合而言，轴旋转且径向载荷方向不变，即轴承内圈相对于载荷方向旋转的场合，一般应选择过渡或过盈配合（过盈量不宜过大）。静止轴且径向载荷方向不变，即轴承内圈相对于载荷方向是静止的场合，可选择过渡或小间隙配合（太大的间隙是不允许的）。

2）外壳孔公差带。安装向心轴承和角接触轴承的外壳孔公差带参照相应公差带表。选择时注意对于载荷方向摆动或旋转的轴承外圈与外壳孔，应避免采用间隙配合。当量径向载荷的大小也影响轴承外圈与外壳孔配合方式的选择。

3）轴承座结构形式的选择。滚动轴承的轴承座除非有特别需要，一般多采用整体式结构，剖分式轴承座只在装配上有困难，或要求在装配上方便成为主要考虑点时才采用，但它不能应用于紧配合或较精密的配合，例如达到 K7 公差等级和比 K7 更高等级的配合，又如公差等级为 IT6 或更精密的座孔，都不得采用剖分式轴承座。

（3）轴承与轴的配合公差标准

1）当轴承内径公差带与轴公差带构成配合时，在一般基孔制中原属过渡配合的公差代号将变为过盈配合，如 k5、k6、m5、m6、n6 等，但过盈量不大；当轴承内径公差带与 h5、h6、g5、g6 等构成配合时，不再是间隙配合，而成为过盈配合。

2）由于公差值不同于一般基准轴，轴承外径公差带也是一种特殊公差带，大多情况下，轴承外圈安装在外壳孔中是固定的，有些轴承部件结构要求又需要调整，其配合不宜太紧，常与 H6、H7、J6、J7、JS6、JS7 等配合。

一般情况下，轴一般标 0～+0.005mm。如果不常拆，标 +0.005～+0.01mm 的过盈配合即可；如果要常常拆装，标过渡配合即可。此外，还要考虑到轴材料本身在转动时的热胀，如果轴粗的话，最好采用 -0.005～0mm 的间隙配合，最大也不要采用超过 0.01mm 的间隙配合。还应遵循"动圈过盈，静圈间隙"的原则。

轴承与轴的配合一般都是过渡配合，但在特殊情况下可选过盈配合。因为轴承与轴配合是轴承的内圈与轴配合，使用的是基孔制。本来轴承是应该完全对零的，我们在实际使用中也完全可以这样认为。但为了防止轴承内圈与轴的下极限尺寸配合时产生内圈滚动，伤害轴的表面，一般轴承内圈都有几微米的下极限偏差来保证内圈不转动。所以轴承与轴一般选择过渡配合就可以了，即使是选择过渡配合，也不能超过 3 丝（1 丝 = 10μm）的过盈量。

配合精度等级一般选 6 级即可，特殊情况下要考虑材料和加工工艺，理论上 7 级有点偏低了，而 5 级配合的话就要用精磨。一般选用原则是：轴承内圈与轴配合，轴选 k6；轴承外圈与孔配合，孔选 K6 或 K7。

3. 常用滚动轴承的装配方法

（1）常用滚动轴承的装配方法有四种

1）互换法。所谓互换性原则，就是机器的零、部件按图样规定的精度要求制造，在装配时不需辅助加工或修配，就能装成机器，并完全符合规定的使用性能要求。

2）选配法。将有关零件的尺寸公差（尺寸允许变动的范围）放宽，在装配前先进行测量，按量得尺寸大小分组进行装配，以保证使用要求。

3）修配法。在装配时允许用补充机械加工或钳工修刮的方法来获得所需的精度。

4）调整法。用移动或更换某些零件以改变其位置和尺寸的办法来达到所需的精度。

（2）滚动轴承装配的注意事项

1）滚动轴承上标有代号的端面应装在可见的方向。

2）保证成组轴承配对方式正确。

3）轴承装配在轴上和壳体孔中后，应没有歪斜现象，压入应均匀垂直。

4）装配前注意清洁，按规定加油润滑（不是所有情况均要加黄油，含油轴承除外）。

5）在同轴的两个轴承中，必须有一个可随轴的热胀做轴向移动。

6）装配时必须严格防止污物进入轴承内。

7）装配后的轴承运转必须灵活，噪声小，工作温度一般不宜超过 65℃。

4. 常用滚动轴承的拆卸方法

1）拆卸滚动轴承时，应按过盈连接件的拆卸要点进行。

2）拆卸时注意尽量不用滚动体传递力。

3）拆卸轴末端的轴承时，可用小于轴承内径的铜棒或软金属、木棒、套筒等抵住轴端，在轴承下面放置垫铁，再用锤子敲击。

5. 常用滚动轴承间隙的调整

为了保证滚动轴承的正常工作，滚动轴承在使用过程中一般是成对组合的，根据组合方式不同可以有以下几种组合形式。

（1）背对背配置　背对背配对的轴承的载荷线向轴承轴分开，可承受作用于两个方向上的轴向载荷，但每个方向上的载荷只能由一个轴承承受。背对背安装的轴承提供刚性相对较高的轴承配置，而且可承受倾覆力矩。

背对背（两轴承的宽端面相对）安装时，轴承的接触角线沿回转轴线方向扩散，可增加其径向和轴向的支承角度刚性，抗变形能力最大。

（2）面对面配置　面对面配对的轴承的载荷线向轴承轴汇合，可承受作用于两个方向上的轴向载荷，但每个方向上的载荷只能由一个轴承承受。这种配置不如背对背配对的刚性高，而且不太适合承受倾覆力矩。这种配置轴承的刚性和承受倾覆力矩的能力不如背对背配置形式，轴承可承受双向轴向载荷。

面对面（两轴承的窄端面相对）安装时，轴承的接触角线朝回转轴线方向收敛，其支承角度刚性较小。由于轴承的内圈伸出外圈，当两轴承的外圈压紧到一起时，外圈的原始间隙消除，可以增加轴承的预加载荷。

（3）串联配置　串联配置时，载荷线平行，径向和轴向载荷由轴承均匀分担。但是，轴承组只能承受作用于一个方向上的轴向载荷。如果轴向载荷作用于相反方向，或是有复合载荷，就必须增加一个调节串联配对轴承的轴承。这种配置也可在同一支承处串联三个或多个轴承，但只能承受单方向的轴向载荷。通常，为了平衡和限制轴的轴向位移，另一支承处需安装能承受另一方向轴向载荷的轴承。

串联排列（两轴承的宽端面在一个方向）安装时，轴承的接触角线同向且平行，可使两轴承分担同一方向的工作载荷。但使用这种安装形式时，为了保证安装的轴向稳定性，两对串联排列的轴承必须在轴的两端对置安装。

当两轴承的外圈压紧到一起时，外圈的原始间隙消除，可以增加轴承的预加载荷，如图4-4所示，可通过设置预紧调节螺钉进行调节。

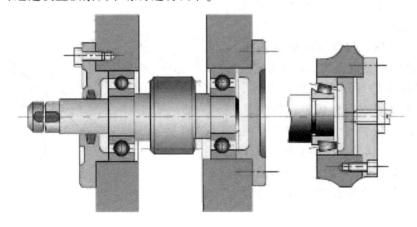

图 4-4　轴承定位与间隙的调整

三、直线导轨副装调技术

1. 直线导轨副的性能及装调技术要求

（1）直线导轨副的性能特点

1）定位精度高。滚动直线导轨的运动借助钢球滚动实现，导轨副摩擦阻力小，动静摩擦阻力差值小，低速时不易产生爬行，重复定位精度高，适合频繁启动或换向的运动部件，可将机床定位精度设定到超微米级。同时根据需要，适当增加预载荷，确保钢球不发生滑动，实现平稳运动，减小了运动的冲击和振动。

2）磨损小。滚动接触由于摩擦耗能小，滚动面的摩擦损耗也相应减少，故能使滚动直线导轨系统长期处于高精度状态。同时，由于使用润滑油也很少，这使得在机床的润滑系统设计及使用维护方面都变得非常容易。

3）适应高速运动且大幅降低驱动功率。采用滚动直线导轨的机床由于摩擦阻力小，可使所需的动力源及动力传递机构小型化，使驱动转矩大大减小，使机床所需电力降低80%，节能效果明显，可实现机床的高速运动，提高机床的工作效率（20%~30%）。

4）承载能力强。滚动直线导轨副具有较好的承载性能，可以承受不同方向的力和力矩载荷，如承受上下左右方向的力，以及颠簸力矩、摇动力矩和摆动力矩，因此具有很好的载荷适应性。在设计制造中加以适当的预加载荷可以增加阻尼，以提高抗振性，同时可以消除高频振动现象。

5）组装容易并具有互换性。滚动导轨具有互换性，只要更换滑块或导轨或整个滚动导轨副，机床即可重新获得高精度。

（2）直线导轨的安装、调试技术要求

1）正确书写直线导轨装配的工艺过程。

2）正确测量、调整直线导轨与基准面的平行度。

3）正确测量、调整两直线导轨间的平行度。

4）正确掌握直线导轨紧固螺钉的装配顺序。

2. 直线导轨的精度调试方法

导轨直线度是指组成V形（或矩形）导轨的平面与垂直平面（或水平面）交线的直线度，且常以交线在垂直平面和水平面内的直线度体现出来。

在即定平面内，包容实际线的两平行直线的最小区域宽度即为直线度误差。有时也以实际线的两端点连线为基准，以实际线上各点到基准直线坐标值中最大的一个正值与最小一个负值的绝对值之和，作为直线度误差。图4-5所示为导轨在垂直平面和水平面内的直线度误差。

（1）导轨在垂直平面内直线度的调试方法

1）水平仪调试法。用水平仪调整导

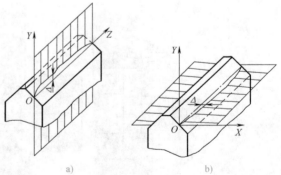

图 4-5　导轨直线度误差

a）导轨在垂直面内的直线度误差

b）导轨在水平面内的直线度误差

轨在垂直平面内的直线度误差。调试过程中不能太急，慢慢地调试才能获得较高的精确度。

① 水平仪的放置方法。若被测量导轨安装在纵向（沿测量方向），对自然水平有较大的倾斜度时，可允许在水平仪和桥板之间垫一些薄垫片，测试出倾斜度的变化，如图 4-6 所示。若被调试的导轨安装在横向（垂直于测量方向），对自然水平有较大的倾斜度时，则必须严格保证桥板沿一条直线移动，否则，横向的安装水平误差将会反映到水平仪示值中。

② 用水平仪调试导轨在垂直平面内直线度的方法。

2) 自准直仪调试法。自准直仪和水平仪都是精密测角仪器，是按节距法原理进行调试的。如图 4-7 所示，在调试时，自准直仪 1 固定在被测导轨 4 一端，而反射镜 3 则放在检验桥板 2 上，沿被测导轨进行调试，自准直仪读数所反映的是检验桥板倾斜度的变化。

当调试导轨在垂直平面内的直线度误差时，需要测量的是检验桥板在垂直平面内倾斜度的变化，若所用仪器为光学平直仪，则读数筒应放在向前的位置。

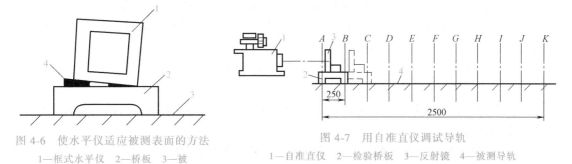

图 4-6　使水平仪适应被测表面的方法
1—框式水平仪　2—桥板　3—被测量表面　4—垫片

图 4-7　用自准直仪调试导轨
1—自准直仪　2—检验桥板　3—反射镜　4—被测导轨

（2）导轨在水平面内直线度的调试　导轨在水平面内直线度的检验方法有检验棒或平尺调试法、自准直仪调试法和钢丝调试法等。

1) 检验棒或平尺调试法。以检验棒或平尺为调试基准，用百分表进行调试。在被测导轨的侧面架起检验棒或平尺，百分表固定在仪表座上，百分表的测头顶在检验棒的侧素线上，如图 4-8 所示。首先将检验棒或平尺调整到和被测导轨平行，即百分表读数在检验棒两端点一致。然后移动仪表座进行调试，百分表读数的最大代数差就是被测导轨在水平面内相对于两端连线的直线度误差。若需要按最小条件评定，则应在导轨全长上等距测量若干点，然后再做基准转换。

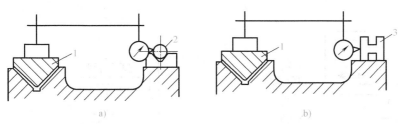

图 4-8　检验棒或平尺调试示意图
1—桥板　2—检验棒　3—平尺

2) 自准直仪调试法。自准直仪调试法的原理是可以调试导轨在平面内的直线度，这时需要采用光学平直仪进行调试。

3）钢丝调试法。钢丝经充分拉紧后，从理论上讲可以作为调试的标准。如图 4-9 所示，拉紧钢丝，使其平行于被调试导轨，在仪表座上有一微量移动显微镜，使仪表座沿全长进行移动调试。

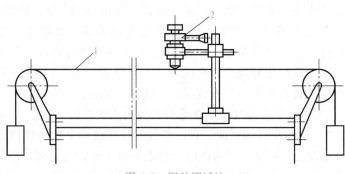

图 4-9　钢丝调试法
1—钢丝　2—显微镜

导轨在水平面内的直线度误差以显微镜读数最大代数差计。

钢丝调试法的主要优点是：测距可达 20 多 m，一般只要 5m 就可以了。所需的条件简单，容易实现。

特别是机床工作台移动的直线度，若公差为线值，则只能用钢丝调试法。因为在不具备节距测量法条件时，角值量仪的读数不可能换算出线值误差。

（3）导轨的平行度调试　几何公差规定在给定方向上平行于基准面、相距为公差值的两平面之间的区域，即为平行度公差带。

平行度的公差与测量长度有关，一般在 300mm 长度上为 0.02mm。当调试较长导轨时，还要规定局部公差。

1）用水平仪调试 V 形导轨与平面导轨在垂直平面内的平行度。

如图 4-10 所示，调试时，将水平仪横向放在专用桥板上，移动桥板逐点进行调试，其误差计算的方法用角度偏差值表示，如 0.02/1000 等。水平仪在导轨全长上测量读数的最大代数差，即为导轨的平行度误差。

2）部件间平行度的调试。图 4-11 所示为车床主轴锥孔中心线对床身导轨平行度的调试方法。

在主轴锥孔中插一根检验棒，百分表固定在轴线相距为公差值的两平行面之间的溜板上，在指定长度内移动溜板，用百分表分别在检验棒的上素线 a 和侧素线 b 上进行检验，测量结果分别以百分表读数的最大差值表示。为消除检验棒圆柱部分与锥体部分的同轴度误差，第一次调试后，将检验棒拔去，转 180° 后再插入重新检验。

误差以两次调试结果的代数和的一半表示。

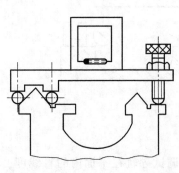

图 4-10　用水平仪调试导轨平行度

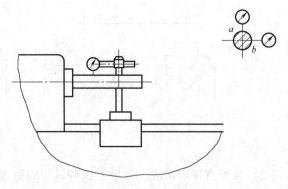

图 4-11　主轴锥孔中心线对导轨平行度的调试

（4）导轨平面度的调试方法　在导轨的平面度调试中，按照国家标准规定，调试工作台面在各个方向上的直线度误差后，选择其中最大一个直线度误差作为工作台面的平面度误差。对小型件可采用标准平板研点法、塞尺检查法等，较大型或精密工件可采用间接测量法、光线基准法。

1）平板研点法。这种方法是在中小台面上利用标准平板，涂色后对台面进行研点，检查接触斑点的分布情况，以证明台面的平面度情况。其使用工具最简单，但不能得出平面度误差数据。平板最好采用0~1级精度的标准平板。

2）塞尺检查法。用一根相应长度的平尺，精度为0~1级。在台面上放两个等高垫块，平尺放在垫块上，用块规或塞尺检测工作台面与平尺工作面间的间隙，或用平行平尺和百分表进行测量，如图4-12所示。

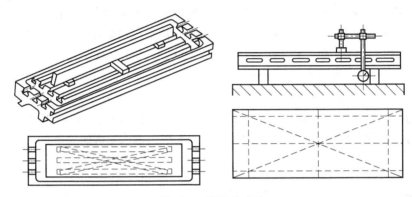

图 4-12　塞尺检查法

3）光线基准法。用光线基准法测量平面度时，可采用经纬仪等光学仪器，通过光线扫描方法来建立测量基准平面。光线基准法的特点是它的数据处理与调整都方便，测量效率高，只是受仪器精度的限制，其测量精度不高。

调试时，将调试仪器放在被测工件表面上，这样被测表面位置变动对测量结果没有影响，只是仪器放置部位的表面不能测量。测量仪器也可放置于被测表面外，这样就能测出全部的被测表面，但被测表面位置的变动会影响测量结果。因此，在测量过程中，要保持被测表面的原始位置。

此方法要求三点相距尽可能远一些，如图4-13所示的Ⅰ、Ⅱ、Ⅲ点。调整仪器扫描平面位置，使其与上述所建立的平面平行，即靶标在这三点时，仪器的读数应相等，从而建立基准平面。

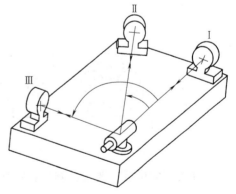

图 4-13　光线扫描法测量平面度

然后再测出被测表面上各点的相对高度，便可以得到该表面的平面度误差的原始数据。

四、滚珠丝杠传动机构装配技术

1. 滚珠丝杠结构特点

丝杠螺母传动机构主要是将旋转运动变成直线运动，同时进行能量和力的传递，或调整零件的相互位置。它的特点是：传动精度高、工作平稳、无噪声、易于自锁、能传递较大的动力，在机械传动中应用广泛，如车床的纵、横向进给机构，钳工的台虎钳等。

丝杠螺母传动机构在装配时，为了提高丝杠的传动精度和定位精度，必须认真调整丝杠螺母副的配合精度，一般应满足以下要求：

1）保证径向和轴向配合间隙达到规定要求。

2）丝杠与螺母同轴度及丝杠轴线与基准面的平行度应符合规定要求。

3）丝杠与螺母相互转动应灵活，在旋转过程中无时松时紧和阻滞的现象。

4）丝杠的回转精度应在规定范围内。

2. 丝杠直线度误差的检查与校直

将丝杠擦净，放在钳工的工作台上，通过透过间隙的光线，检查其母线与工作台面的缝隙是否均匀。将丝杠转过 90°继续进行检查，不能出现弯曲现象，否则，该丝杠不能使用。一般说来，需要校直的丝杠，其弯曲度都不是很大，甚至用肉眼几乎看不出来。校直时将丝杠的弯曲点置于两 V 形架的中间，然后在螺旋压力机上，沿弯曲点和弯曲方向的反向施力 F，就可使弯曲部分产生塑性变形而达到校直的目的，如图 4-14a 所示。

在校直丝杠时，丝杠被反向压弯，如图 4-14b 所示，把距离 c 测量出来，并记录下来。然后去掉外力 F，用百分表（最好用圆片式测头）测量其弯曲度，如图 4-15 所示。如果丝杠还未被校直，可加大施力，并参考上次的 c 值，来决定本次 c 值的大小。

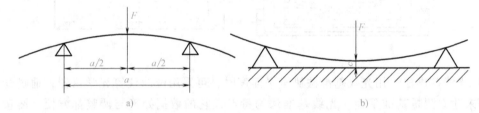

图 4-14　丝杠的校直

a）支承点和施力点的位置　b）校直时的测量

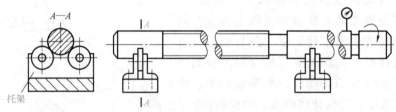

图 4-15　丝杠挠度的检测

丝杠校直完毕后，要重新测量直线度误差，当符合技术要求后，将其悬挂起来备用。

3. 丝杠螺母副配合间隙的测量及调整

配合间隙包括径向间隙和轴向间隙。轴向间隙直接影响丝杠螺母副的传动精度，因此需采用消隙机构予以调整。但测量时径向间隙比轴向间隙更易准确反映丝杠螺母副的配合精度，所以配合间隙常用径向间隙表示。

（1）径向间隙的测量　如图 4-16 所示，将螺

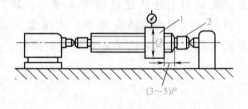

图 4-16　径向间隙的测量

1—螺母　2—丝杠

母旋在丝杠上的适当位置，为避免丝杠产生弹性变形，螺母离丝杠一端为（3~5）P，把百分表测头触及螺母上部，然后用稍大于螺母重量的力提起和压下螺母，此时百分表读数的代数差即为径向间隙。

（2）轴向间隙的调整　无消隙机构的丝杠螺母副，用单配或选配的方法来决定合适的配合间隙；有消隙机构的丝杠螺母副，根据单螺母或双螺母结构采用下列方法调整间隙。

1）单螺母结构。磨刀机上常采用如图 4-17 所示机构，使螺母与丝杠始终保持单向接触。

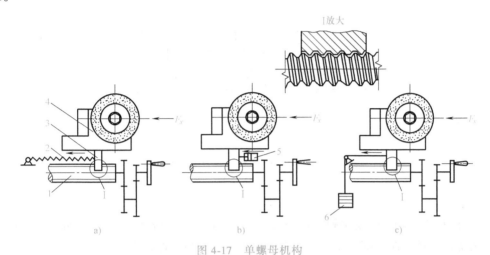

图 4-17　单螺母机构

a）弹簧拉力消隙机构　b）液压缸压力消隙机构　c）重锤重力消隙机构

1—丝杠　2—弹簧　3—螺母　4—砂轮架　5—液压缸　6—重锤

装配时可调整或选择适当的弹簧拉力、液压缸压力、重锤质量，以消除轴向间隙。

单螺母结构中消隙机构的消隙力方向与切削分力 F_x 方向必须一致，以防进给时产生爬行，而影响进给精度。

2）双螺母结构。如图 4-18a 所示，通过双螺母 1、2，可以调整丝杠与螺母的轴向相对位置。双螺母调整可以消除螺母与丝杠之间的轴向间隙并实现预紧。图 4-18b 所示为双螺母斜面消隙机构，其调整方法是：拧松螺钉 2，再拧动螺钉 1，使斜楔向上移动，以推动带斜面的螺母右移，从而消除轴向间隙，调好后锁紧。图 4-18c 所示为双螺母消隙机构，调整时先松开螺钉，再拧动调整螺母 1，消除螺母 2 与丝杠的间隙后，旋紧螺钉。

4. 滚珠丝杠螺母副的装配及调整

滚珠丝杠传动系统是一个以滚珠作为滚动媒介的滚动螺旋传动系统。其运动特点如下：

1）传动效率高。滚珠丝杠传动系统的传动效率高达 90%~98%，为传统的滑动丝杠系统的 2~4 倍，所以能以较小的转矩得到较大的推力，也可由直线运动转为旋转运动（运动可逆）。高速滚珠丝杠副是指能适应高速化要求（40m/min 以上）、满足承载要求且能精密定位的滚珠丝杠副，是实现数控机床高速化首选的传动与定位部件。

2）运动平稳。滚珠丝杠传动系统为点接触滚动运动，工作中摩擦阻力小、灵敏度高，起动时无颤动、低速时无爬行现象，因此可精密地控制微量进给。

3）高精度。滚珠丝杠传动系统运动中温升较小，并可预紧消除轴向间隙和对丝杠进行预拉伸以补偿热伸长，因此可以获得较高的定位精度和重复定位精度。

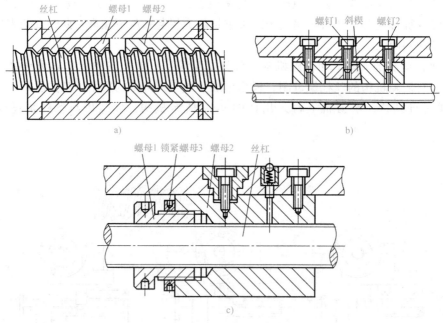

图 4-18 双螺母机构

4）高耐用性。钢球滚动接触处均经硬化（58～63HRC）处理，并经精密磨削，循环过程属纯滚动，相对磨损甚微，故具有较高的使用寿命和精度保持性。

5）同步性好。由于运动平稳、反应灵敏、无阻滞、无滑移，用几套相同的滚珠丝杠传动系统同时传动几个相同的部件或装置，可以获得很好的同步效果。

6）高可靠性。与其他传动机械、液压传动相比，滚珠丝杠传动系统故障率很低，维修保养也较简单，只需进行一般的润滑和防尘。在特殊场合可在无润滑状态下工作。

7）无背隙与高刚性。滚珠丝杠传动系统采用歌德式（Gothic）沟槽形状，使钢珠与沟槽达到最佳接触以便轻易运转。若加入适当的预紧力，消除轴向间隙，可使滚珠有更佳的刚性，减少滚珠和螺母、丝杠间的弹性变形，达到更高的精度。

滚珠丝杠的支承方式有四种，固定—固定、固定—支承、支承—支承和固定—自由，见表 4-2。

表 4-2 滚珠丝杠的支承方式和适用场合

支承方式	适用特点
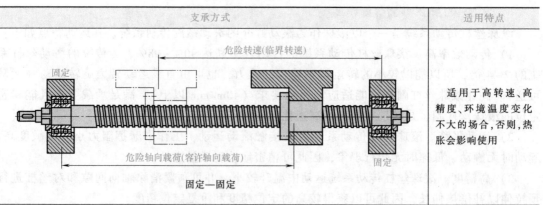	适用于高转速、高精度、环境温度变化不大的场合，否则，热胀会影响使用

（续）

支承方式	适用特点
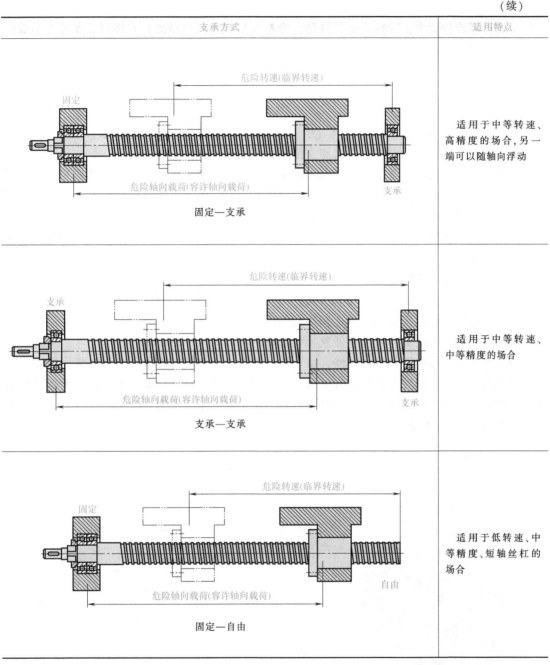固定—支承	适用于中等转速、高精度的场合，另一端可以随轴向浮动
支承—支承	适用于中等转速、中等精度的场合
固定—自由	适用于低转速、中等精度、短轴丝杠的场合

为了防止造成丝杠传动系统的任何失位，保证传动精度，提高丝杠系统的刚度是很重要的。而要提高螺母的接触刚度，必须施加一定的预紧载荷。施加了预紧载荷后，摩擦转矩增加，并使工作时的温升提高。因此必须恰当地确定预紧载荷（最大不得超过10%的额定动载荷），以便在满足精度和刚度要求的同时，获得最佳的寿命和较低的温升效应。

滚动螺旋传动逆转率高，不能自锁。为了使螺旋副受力后不逆转，应考虑设置防逆转装置，如采用制动电动机、步进电动机，在传动系统中设有能够自锁的机构（如蜗杆传动）；在螺母、丝杠或传动系统中装设单向离合器、双向离合器、制动器等。选用离合器时，必须注意其可靠性。

在滚动螺旋传动中，特别是垂直传动，容易发生螺母脱出事故，安装时必须考虑加装防止螺母脱出的安全装置。

五、伺服电动机与控制系统

1. 伺服控制系统基本知识

伺服控制系统（伺服单元）是具有位置、速度或加速度闭环控制的机械系统。

伺服电动机分为直流伺服电动机和交流伺服电动机。

直流伺服电动机分为有刷电动机和无刷电动机。有刷电动机成本低，结构简单，起动转矩大，调速范围宽，控制容易，需要维护，但维护方便（换电刷），会产生电磁干扰，对环境有要求。因此它可以用于对成本敏感的普通工业和民用场合。

无刷电动机体积小，重量轻，转矩大，响应快，速度高，惯量小，转动平滑，力矩稳定，控制简单，容易实现智能化，其电子换相方式灵活，可以方波换相或正弦波换相。无刷电动机免维护，效率很高，运行温度低，电磁辐射很小，寿命长，可用于各种环境。

交流伺服电动机也是无刷电动机，分为同步和异步电动机，目前运动控制中一般都用同步电动机，它的功率范围大，可以达到很大的功率；惯量大，最高转动速度低，且随着功率增大而快速降低，因而适合应用于低速平稳运行的场合。

伺服电动机内部的转子是永磁铁，驱动器控制的 U/V/W 三相电形成电磁场，转子在此磁场的作用下转动，同时电动机自带的编码器反馈信号给驱动器，驱动器将反馈值与目标值进行比较，调整转子转动的角度。伺服电动机的精度取决于编码器的精度（线数）。伺服电动机的组成如图 4-19 所示。

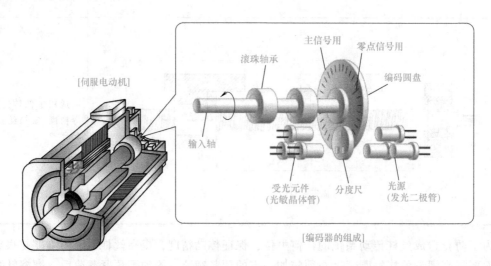

图 4-19　伺服电动机的组成

2. 进给伺服电动机的负载计算

一般地，进给系统的伺服电动机是根据负载条件来进行选择的。加在电动机轴上的负载有两种：负载转矩和负载惯量。负载转矩包括切削转矩和摩擦转矩。

（1）负载转矩的计算

$$M = \frac{FL}{2\pi\eta} + M_{\mathrm{f}} \tag{4-1}$$

式中　M——加到电动机轴上的负载转矩（N·cm）；

　　　F——轴向移动滑块所需的力（N）；

　　　η——驱动系统的效率；

　　　L——电动机轴每转的机械位移量（cm）；

　　　M_{f}——折算到电动机轴上的滚珠丝杠、螺母部分、轴承部分的摩擦转矩。

（2）进给伺服电动机惯量与负载惯量的匹配

1）加速转矩等于加速度乘以总惯量（电动机惯量+负载惯量），即

$$M_{\mathrm{a}} = aJ \tag{4-2}$$

式中　M_{a}——加速转矩（N·cm）；

　　　J——总惯量（电动机惯量+负载惯量）（J）；

　　　a——加速度（m/s^2）。

电动机惯量和负载惯量之间的匹配就是要考虑加速时间、加速转矩和总惯量之间的关系，加速转矩与加速时间不能任意选择。

2）数控机床进给系统是由伺服电动机通过齿轮带动滚珠丝杠（或其他末端传动元件），从而带动工作台和工件做往复直线运动，当物体做加速、减速运动时，齿轮与齿轮接触面换向，这时加到各齿轮轴上的转矩为加速转矩，也可称为惯量转矩。

3. 伺服电动机的特点与工作原理

大惯量、宽调速直流伺服电动机分为电励磁和永久励磁两种。

1）高性能的铁氧体具有大的矫顽力和足够的厚度，能够承受高的峰值电流，以满足快的减速要求。

2）大惯量结构使其具有大的热容量，可以允许较长的过载工作时间。

3）低速高转矩特性和大惯量结构，使其可以与机床进给丝杠直接连接。

4）三相伺服电动机一般设有换相绕组和补偿绕组，通过仔细选择电刷材料和精心设计磁场分布，可以使其在较小的加速度下仍具有良好的换相性能，如图4-20所示。

5）绝缘等级高，从而保证电动机在反复过载的情况下仍有较长的寿命。

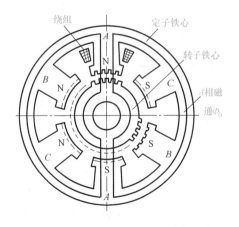

图4-20　伺服电动机的绕组

6）在电动机轴上装有精密的速度和位置检测元器件，可以得到精密的速度和位置检测信号，因而可以实现速度和位置的闭环控制。

4. 伺服电动机的选型

图 4-21 所示为伺服电动机的型号含义。

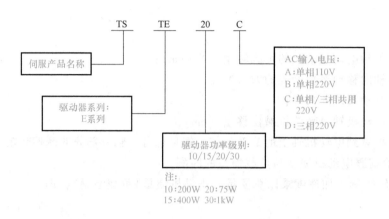

图 4-21　伺服电动机的型号含义

任务一　直线导轨的安装与调整

一、任务要求与工艺流程（表 4-3）

表 4-3　任务要求

项目	工作内容	工作要求
准备工作	准备工、量具	1）工、量具摆放整齐有序
		2）切断电源
		3）切断气源
安装导轨	清洗导轨安装面，完成两导轨的安装，所有螺钉拧紧可靠，并达到精度要求	1）基准导轨与定位基准面接触可靠
		2）导轨螺钉锁紧力矩为 2.75~3.2N·m
		3）两导轨的平行度误差≤0.02mm
		4）压紧块锁紧力矩为 5.15~5.7N·m
导轨副安装	清洗导轨安装面，完成导轨副的安装，并达到精度要求	1）与定位基准面接触可靠
		2）与下直线导轨（17）的垂直度误差≤0.03mm/100mm（中滑板和螺母支座之间的螺栓连接在一起）
		3）导轨螺钉锁紧可靠，锁紧力矩为 8.7~9.5N·m

工艺流程如图 4-22 所示。

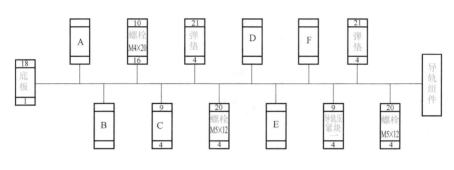

图 4-22 工艺流程

标号	零件号	零件名	零件数	标号	零件号	零件名	零件数
A	17	导轨	2	D	19	导轨定位块	4
B	34	弹垫	16	E	21	弹垫	4
C	9	导轨压紧块一	4	F	20	螺栓 M5×12mm	4

二、直线导轨的安装与调整工、量具的选用（表 4-4）

表 4-4　工、量具的选用

工具	规　　格	数量
杠杆百分表		一块
表架		一个
内六角扳手	6mm,5mm,4mm,3mm,2.5mm,2mm,1.5mm	一套

三、直线导轨的安装与调整任务实施（表 4-5）

表 4-5　直线导轨的安装与调整任务实施

名称	安装说明	图　　示
安装基准导轨（导轨、滑块一）	1. 安装基准导轨的准备工作 1）安装前应保证底板与导轨的接触面没有毛刺、杂物 2）基准导轨的基准面与底板的基准面紧贴安装	清除装配面的污物　磨石

（续）

名称	安装说明	图 示
安装基准导轨（导轨、滑块一）	2. 安装基准导轨 1）螺钉加弹簧垫圈一字排开依次预紧 2）将四个压紧块压紧导轨，保证导轨和底板的基准面完全贴合	
	3. 检测扭力大小 用扭力扳手拧紧螺钉，基准导轨安装完成	
安装副导轨（导轨、滑块二）	1）将副导轨滑块上的箭头对准基准导轨 2）螺钉加弹簧垫圈预紧（导轨可以小幅度晃动）	
架表	将杠杆百分表表架架在基准导轨的滑块上	
	百分表表头打在副导轨滑块侧面的加工定位（窄）面	

（续）

名称	安装说明	图　示
调整并测量	1. 调整副导轨 1）把两滑块移动到两导轨的一端 2）拧紧第一颗螺钉 3）读出杠杆百分表在第一颗螺钉处的数值（如图表盘指示为"18"） 4）把滑块平行移动到第二颗螺钉旁边 5）调整导轨，将杠杆百分表的数值调为18 6）拧紧螺钉，依次完成整根导轨的平行度误差的调整	
	2. 测量副导轨 1）将所有螺钉拧紧 2）把滑块移动到第一颗螺钉处 3）缓慢平移两滑块，再次校核两导轨的平行度	
	3. 安装定位块 1）将定位块贴紧导轨预紧 2）定位块贴紧导轨锁紧（注意拧紧力控制）	
	4. 安装压紧块 将压紧块拧至无法晃动即可（此压紧块可微调两导轨的平行度）	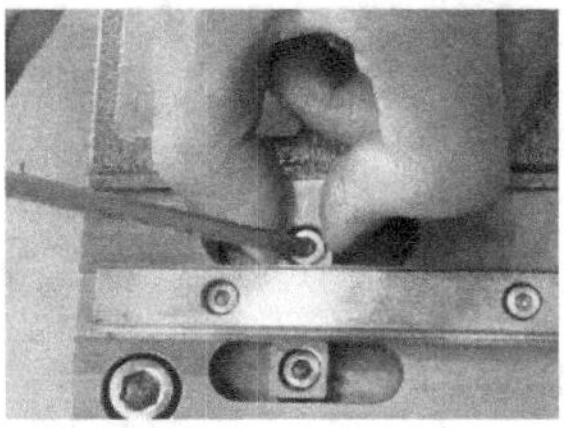

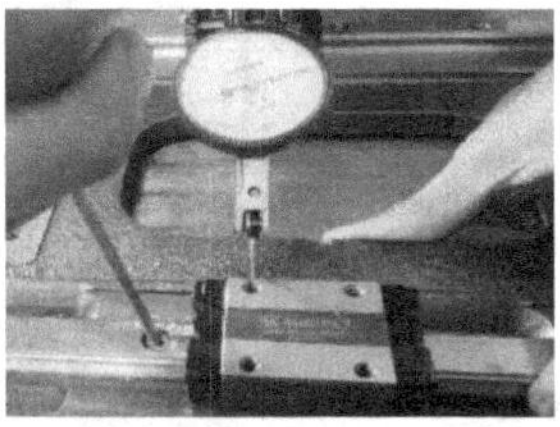

（续）

名称	安装说明	图示
调整并测量	5. 用扭力扳手检测扭力 1）确认无误后用扭力扳手按照任务要求的参数锁紧 2）再次复检参数	
安装中滑板、大导轨	1. 安装大导轨 1）将中滑板搬至工作台面上 2）安装前应保证大导轨与中滑板的接触面没有毛刺、杂物等 3）看清导轨表面指向基准面的箭头	
	2. 安装大导轨 将垫圈一字排开，依次拧紧螺钉，预紧时将导轨紧贴基准面	
	3. 安装压紧块 1）预紧四个压紧块 2）锁紧四个压紧块	
	4. 安装大导轨，锁紧导轨上螺钉	
	5. 用扭力扳手检测扭力 用扭力扳手按照任务中螺钉锁紧力矩拧紧螺钉	

注意事项：

1）基准导轨上的箭头不是很清晰，需细心找。

2）装配导轨的过程中不能从导轨上取下滑块。

3）安装副导轨时先装定位块，再装压紧块。

4）导轨定位块的螺钉要先预紧后再锁紧。

5）导轨螺钉的拧紧顺序为：从中间向两边，或从一端向另一端。

四、任务评价（表4-6）

表4-6 任务评价

评价项目	评价内容	分值	个人评价	小组互评	教师评价	得分
理论知识	了解安装导轨的规范	10				
	了解安装导轨的步骤及顺序	10				
实训操作	平行度公差为0.02mm	20				
	锁紧力矩为8.7~9.5N·m	20				
安全文明	遵守操作规程	5				
	职业素质规范化养成	10				
	"7S"管理	5				
学习态度	考勤情况	10				
	遵守实习纪律	5				
	团队协作	5				
总得分		100				
成果分享	收获之处					
	不足之处					
	改进措施					

任务二　滚珠丝杠传动机构的安装与调整

一、任务要求（表4-7）与工艺流程（图4-23）

表4-7 任务要求

项目	工作内容	工作要求
准备工作	准备工、量具	工、量具摆放整齐有序
丝杠一组件	选择合理的工具及工艺完成丝杠一组件的安装，螺钉拧紧可靠并达到精度要求	丝杠轴线相对于两直线导轨的平行度（上素线、侧素线）误差≤0.05mm（两端20~100mm内）
		丝杠的轴向窜动误差≤0.03mm，径向跳动值≤0.03mm
		丝杠轴线相对于直线导轨的平行度（上素线、侧素线）误差≤0.05mm（两端20~100mm内）

续表

项目	工作内容	工作要求
丝杠二组件	选择合理的工具及工艺完成丝杠二组件的安装,螺钉拧紧可靠并达到精度要求	与定位基准面接触可靠
		丝杠轴线相对于直线导轨的平行度(上素线、侧素线)误差≤0.05mm(两端20~100mm内)
		保证轴承游动端有0.8~1.2mm的间隙,实际测量出的游动端间隙应保证数值要求,确定维修维护尺寸修正余量

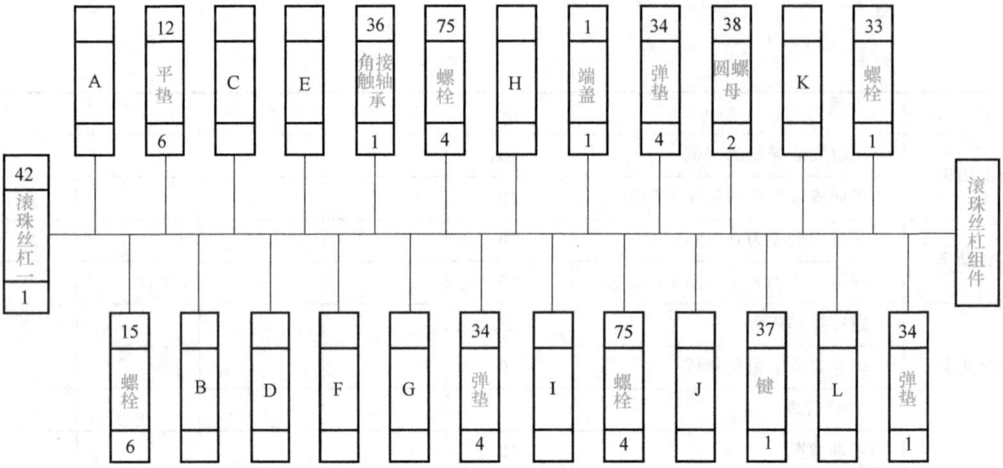

图 4-23 工艺流程

标号	零件号	零件名	零件数	标号	零件号	零件名	零件数
A	14	螺母支座一	1	B	13	不锈钢弹垫	1
C	30	轴承座一	1	D	36	角接触轴承	1
E	40	轴承内隔圈一	1	F	41	轴承内隔圈二	1
G	35	端盖一	1	H	3	轴承座二	1
I	2	深沟球轴承	1	J	39	预紧套筒	1
K	31	同步带轮四	1	L	32	带轮挡圈一	1

二、滚珠丝杠传动机构的安装工具选用（表 4-8）

表 4-8 工具的选择

工具	规格	数量
杠杆百分表		一个
表架		一个
内六角扳手	6mm,5mm,4mm,3mm,2,5mm,2mm,1.5mm	一套
滑块		一个
测量轴承的工具		一个
A4 纸		一张
笔		一支
磁铁表座		一个
呆扳手	7mm	一把
月牙扳手	22~26mm	一把

三、滚珠丝杠传动机构的安装与调整任务实施（表 4-9）

表 4-9　滚珠丝杠传动机构的安装与调整任务实施

名称	安装说明	图　　示
角接触轴承	安装丝杠： 　将未装深沟球轴承丝杠的一端装在非基准轴承座内(注意加润滑油)	
	将装好角接触轴承的一端装在基准(固定端)轴承座(有阶梯)内	
深沟球轴承	安装深沟球轴承： 　1)将丝杠装进轴承座后,将另一端的深沟球轴承也安装在丝杠上 　2)先用铜棒敲击深沟球轴承,使它先固定在丝杠上 　3)用套筒对准轴承,将轴承敲进轴承座内	
端盖一	安装端盖： 　1)将套在丝杠上的端盖先安装在有角接触轴承的轴承座上 　2)锁紧螺钉。注意端盖与轴承座有 0.03mm 左右间隙,表面可靠预紧	

（续）

名称	安装说明	图　示
预紧套筒和圆螺母	安装预紧套筒和圆螺母： 1）将键安装在键槽内 2）将装角接触轴承的固定端安装预紧套筒和圆螺母	
同步带轮	安装同步带轮： 安装同步带轮时，需要留出一点空隙	
径向圆跳动误差、轴向窜动量的测量	1. 径向圆跳动 1）将安好杠杆百分表的表架吸附在二维工作台上 2）将表头倾斜15°，测出丝杠的径向圆跳动误差	
	2. 轴向窜动 1）将同步带轮安装好 2）用固体润滑油将钢珠安装在丝杠端的螺孔内 3）将百分表的表头换成平头 4）用表头顶住钢珠（注意吃表深度） 5）测出轴向窜动量（注意表头与钢珠平行，与丝杠垂直）	

（续）

名称	安装说明	图　　示
径向圆跳动误差、轴向窜动量的测量	3. 安装带轮挡圈 1）取出钢珠 2）将带轮挡圈安装在同步带轮上	 
测量深口尺寸和止口尺寸	1. 测量止口尺寸 1）将端盖放在平台上 2）用深度游标卡尺测出端盖止口尺寸（使用方法如右图），读出数值	 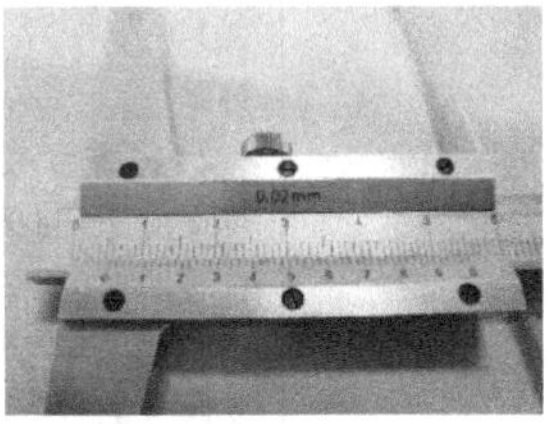
	2. 测量深口尺寸 用深度游标卡尺测量出深口尺寸，如果参数不合适，解决方法如下： 1）如果深口尺寸大于止口尺寸，就不需要垫青稞纸 2）如果深口尺寸小于止口尺寸，就需要垫青稞纸 3）垫青稞纸时，注意施力的大小，如果受力不均匀，会顶死轴承，使丝杠运动不流畅，导致调整错误，增加下面工作任务的完成难度。也可使用磨端盖的方法，磨掉端盖多余的部分，使所需要的参数正确	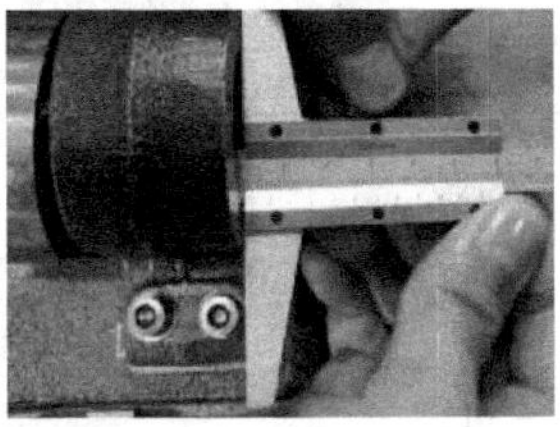 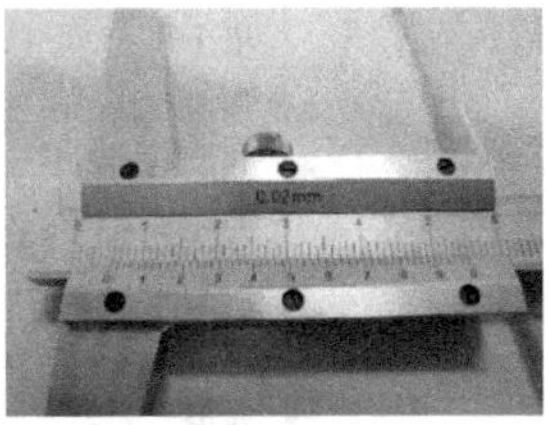
	3. 安装端盖 4. 锁紧螺钉	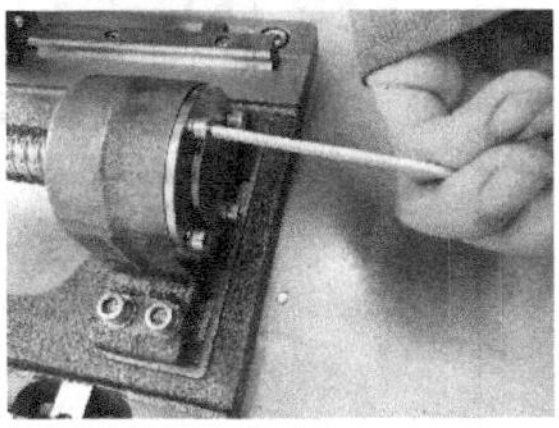 

（续）

名称	安装说明	图　示
测量丝杠的上索线、侧索线	1. 上索线平行度的测量 1）先将灵活的螺钉拆下 2）将磁性表座吸在螺母支座上（目的是防止丝杠转动时，活灵座损伤丝杠），然后将活灵与螺母支座分离 3）将表架在量块上，再将表放在滑块上，将表针放在活灵上，使表针与活灵成15°，推动量块，并读取表盘上的最大值 4）移动活灵到丝杠的另一端（注意：移动的时候手不能碰丝杠，也不可用手推活灵，将活灵移到与另一边轴承座的距离与刚才活灵与轴承座间的距离相等） 5）推动量块，测出丝杠的另一端数值，读出最大值 6）读出两个最大值后，根据工作任务要求看数值是否在偏差值内。如果在偏差值内，就不需要重新调整；如果不在偏差值内，说明轴承座精度未达到要求，需要重新调整轴承座	

（续）

名称	安装说明	图　示
测量丝杠的上素线、侧素线	2. 侧素线平行度测量 1）将表从量块上拿下来架在滑块上 2）测量侧素线，用表头测量活灵的侧面，表针与活灵侧边成15° 3）转动活灵（注意：转动活灵时手不得接触测量面） 4）读出最大值 5）将活灵移到另一边（注意活灵与轴承座之间的距离和之前活灵和轴承座之间的距离相等） 6）读出这一边的侧素线的最大值 7）侧素线读数完成，如果侧素线精度未达到要求，那么按照轴承座调整侧素线的方法重新进行调整（一般情况下，轴承座的上素线和侧素线如果调整正确，那么丝杠的上素线、侧素线误差只有少数情况下精度不能达到要求）	
	3. 活灵安装 1）将活灵与螺母支座装配在一起 2）锁紧螺钉（注意螺钉应按对角拧紧）	

四、任务评价（表 4-10）

表 4-10　任务评价

评价项目	评价内容	分值	个人评价	小组互评	教师评价	得分
理论知识	了解安装丝杠的规范	10				
	了解安装丝杠的步骤及顺序	10				
实训操作	选择合适的隔环,并保证一定的预紧力	10				
	丝杠径向、轴向窜动的测量	10				
	测量出直线导轨相对于丝杠轴线的对称度 丝杠轴线相对于两直线导轨的平行度误差≤0.05mm	10				
	保证游动端间隙在 0.8～1.2mm 范围内（或保证固定端有 0.1～0.15mm 的预紧量）	10				
安全文明	遵守操作规程	5				
	职业素质规范化养成	10				
	"7S"管理	5				
学习态度	考勤情况	10				
	遵守实习纪律	5				
	团队协作	5				
	总得分	100				
成果分享	收获之处					
	不足之处					
	改进措施					

任务三　轴承的装配与调整

一、任务要求（表 4-11）

表 4-11　任务要求

项目	工作内容	工作要求
轴承的安装	选择合理的工具及工艺完成轴承的测量和安装	1）轴承的安装方式_____ 2）测量出角接触轴承游隙并选择合适的隔环 轴承 1 实测数据记录：_____ 轴承 2 实测数据记录：_____

二、轴承的装配与调整工具选用（表4-12）

表4-12　工具选择

工　具	规　　格	数　量
钳工锤		一把
小套筒		一个
杠杆百分表		一个
滑块		一块
表架		一个

三、轴承的装配与调整任务实施（表4-13）

表4-13　轴承的装配与调整任务实施

名称	安装说明	图　　示
角接触轴承的测量	1. 安放角接触轴承 1）用干净的毛巾将平板表面及其他所有接触面擦干净 2）把测量轴承游隙的装置放置在平板的中央位置 3）把轴承放在测量轴承游隙装置的中间	
	2. 架表 1）将杠杆百分表表座吸在滑块上 2）将滑块平放在平板上，架好表	
	3. 测量角接触轴承游隙 1）转动表盘，使杠杆百分表在轴承内圈的吃表深度为"0" 2）滑块向外平移，测出内外圈的相对高度（内、外圈各测4个点） 3）将所有测量数值记录在任务要求的表格中，算出游隙值（注意配对形式不同，测量点不同）	

（续）

名称	安装说明	图　示			
角接触轴承的测量	4. 计算游隙值 　如右侧表格中给出的一组示例数据，求出的0.12mm就是这个轴承的游隙值，用相同的方法求出另一个轴承的游隙值，选择内、外隔圈时应在考虑轴承预紧力使隔圈产生弹性变形的基础上增加0.02~0.05mm的隔圈预紧厚度（外隔圈为基准隔圈，即先确定外隔圈，再确定内隔圈）	外圈/mm	12	12	13	16
		内圈/mm	0	0	1	3
		差值/mm	12	12	12	13
		平均值/mm	49÷4 = 12.25			
轴承的安装	1. 选择轴承的安装形式 　面对面（角接触轴承以宽为背）				
	2. 安装轴承 　将选好的角接触轴承用圆头锤和小套筒安装在丝杠上（安装轴承前，要先将端盖装在丝杠上）				

四、任务评价（表4-14）

表4-14　任务评价

评价项目	评价内容	分值	个人评价	小组互评	教师评价	得分
理论知识	了解轴承的安装形式	10				
实训操作	正确测量角接触轴承	20				
	正确安装角接触轴承	10				
	选择合适的隔环，并保证一定的预紧力	20				
安全文明	遵守操作规程	5				
	职业素质规范化养成	10				
	"7S"管理	5				

（续）

评价项目	评价内容	分值	个人评价	小组互评	教师评价	得分
学习态度	考勤情况	10				
	遵守实习纪律	5				
	团队协作	5				
总得分		100				
成果分享	收获之处					
	不足之处					
	改进措施					

任务四　二维工作台的整体装调

一、任务要求（表4-15）与工艺流程（图4-24~图4-27）

表4-15　任务要求

项目	工作内容	工作要求
准备工作	准备工、量具	工、量具摆放整齐有序
安装底板	清洗、清理配合面,完成底板的装配	配合面清洗干净、装配正确,拧紧可靠,拧紧力矩为8.7~9.5N·m
安装底板两轴承座	清洗轴承座安装表面,选择合理的工艺完成轴承座的安装,拧紧可靠并达到精度要求	1)清洗表面、润滑安装孔 2)螺钉拧紧力矩为8.7~9.5N·m 3)两轴承座轴心连线与导轨副的运动平行度(上素线,侧素线)误差≤0.03mm(检验棒检测,离轴承座位置近端5mm,远端20mm左右)
安装中滑板(5)	清洗、清理配合面;测量出螺母支座一与中滑板之间的间隙,选择适当的调整垫片	1)配合面清洗干净、装配正确 2)中滑板与螺母支座一间隙≤0.05mm(校平活灵安装座至水平,水平度误差≤0.02mm,选择合适的垫片)
安装中滑板两轴承座	清洗轴承座安装表面,选择合理的工艺完成轴承座的安装,固定可靠并达到精度要求	1)清洗表面、润滑安装孔 2)螺钉拧紧力矩为8.7~9.5N·m 3)两轴承座轴心连线与导轨副的运动平行度(上素线,侧素线)误差≤0.03mm(检验棒检测,离轴承座位置近端5mm,远端20mm左右)
安装上滑座	清洗、清理配合面;调整螺母支座二与上滑座之间的间隙	1)配合面清洗干净、装配正确 2)测量出螺母支座二与上滑座之间的间隙,选择适当的调整垫片
安装气动夹爪	清洗、清理配合面;选择合理的工具和工艺将气动夹爪固定在上滑座上,并达到精度要求	1)配合面清洗干净、装配正确 2)调整夹钳摆动板与夹钳支承板之间的尺寸,开口间距为2~3mm

（续）

项目	工作内容	工作要求
安装同步带		同步带的张紧力要适当
安装传感器		传感器位置正确,感应距离为 1~2mm
气路连接		按气动回路图进行气路连接
部件整体测试	下载自检程序,运行二维送料部件	下载自检程序,测试并确认各个传感器、执行机构能够满足功能要求

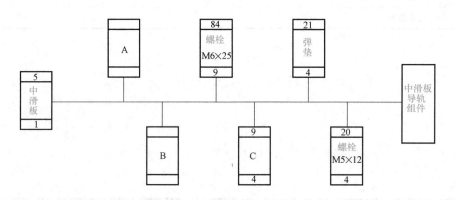

标号	零件号	零件名	零件数	标号	零件号	零件名	零件数
A	82	导轨滑块二	1	C	9	导轨压紧块	4
B	13	弹垫	9				

图 4-24 工艺流程一

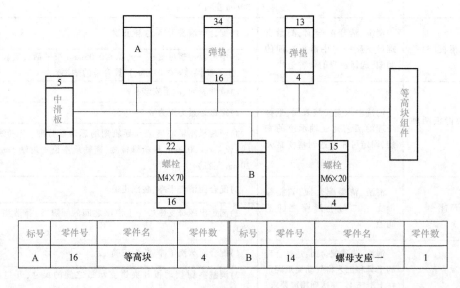

标号	零件号	零件名	零件数	标号	零件号	零件名	零件数
A	16	等高块	4	B	14	螺母支座一	1

图 4-25 工艺流程二

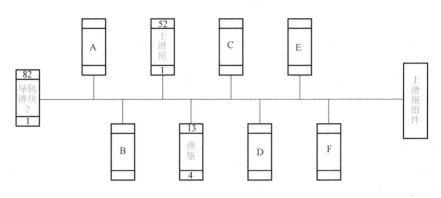

标号	零件号	零件名	零件数	标号	零件号	零件名	零件数
A	69	接近开关感应器	1	D	101	螺钉	4
B	68	导轨压紧块二	2	E	13	不锈钢弹垫	4
C	12	不锈钢平垫	4	F	15	螺钉	4

图 4-26　工艺流程三

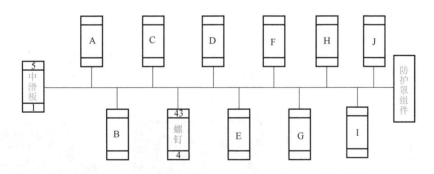

标号	零件号	零件名	零件数	标号	零件号	零件名	零件数
A	104	上滑轨防护罩	1	F	50	螺钉	1
B	21	弹垫	4	G	105	同步带轮防护罩二	1
C	44	平垫	4	H	13	弹垫	4
D	34	弹垫	1	I	12	平垫	4
E	51	平垫	1	J	2	螺钉	4

图 4-27　工艺流程四

二、二维工作台的整体装调工具选用（表4-16）

表4-16　工具选用

工具	规　　格	数量
内六角扳手	6mm，5mm，4mm，3mm，2.5mm，2mm，1.5mm	一套
纯铜皮	0.5mm，0.3mm，0.2mm，0.15mm，0.10mm，0.05mm	若干
杠杆百分表		一个
钟式百分表		一个
滑块		一块
表架		一个
铜棒		一个
橡皮锤		一把
磁性表座		一个
塞尺		一把
直角尺		一个
呆扳手	一头17mm，另一头14mm	一个
十字螺钉旋具		一把

三、二维工作台的整体装调任务实施（表4-17）

表4-17　二维工作台的整体装调任务实施

名称	安装说明	图　　示
安装底板	1）先将底板放在二维台面上 2）将内六角圆柱头螺钉放在螺钉孔内 3）用内六角扳手将螺钉依次对角预紧 4）用预紧力拧好后再用短头锁紧螺钉	 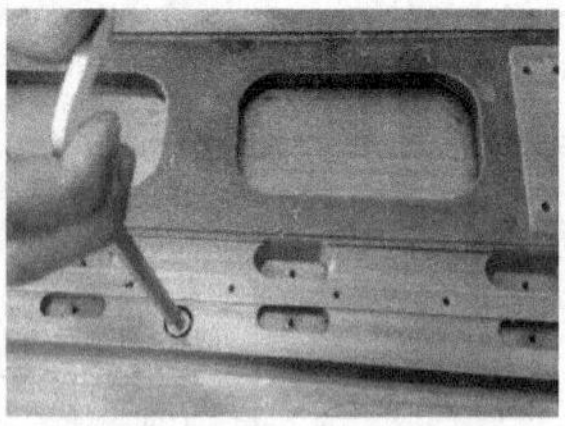 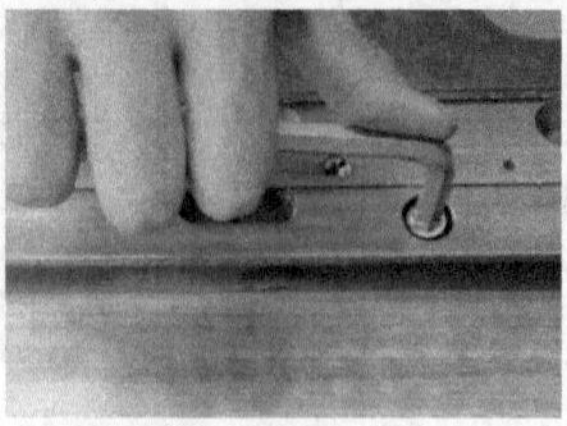

（续）

名称	安装说明	图　示
轴承座安装 与调试	1. 安装轴承座 　1）安装前应保证轴承座底面和底板的接触面间没有毛刺、杂物等 　2）以带有止口的轴承座作为基准，通过螺钉、弹簧垫圈加垫片将轴承座先对角预紧再拧紧 　3）通孔的轴承座下面垫两片大的U形垫片，将两个轴承座垫到大致高度，通过螺钉、弹簧垫圈加平垫先预紧再拧紧	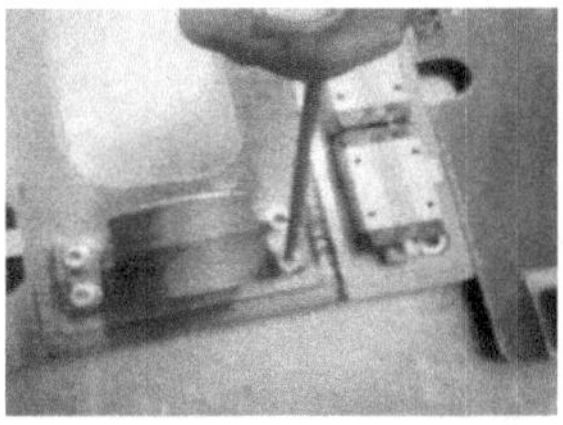  
	2. 加润滑油 　先喷一点润滑油在轴承座内	
	3. 放入检验棒 　将检验棒放入轴承座孔内	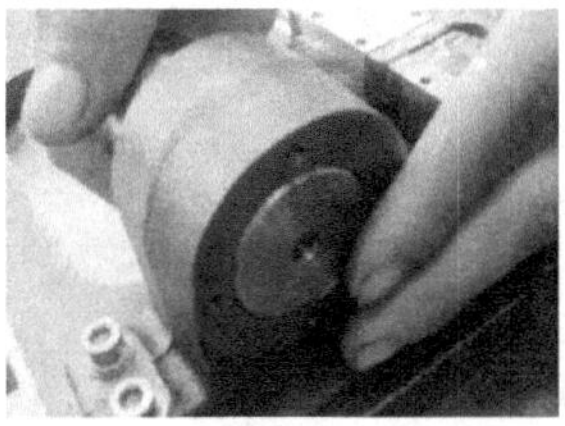 
	4. 上素线测量 　1）将量块放在导轨滑块上 　2）把装好杠杆百分表的表架架在量块上 　3）架表（表针与检验棒上平面成15°） 　4）向前水平推动量块读出最大值	 

（续）

名称	安装说明	图　示
轴承座安装与调试	5）解决方法： ①如果垫轴承座的外侧,轴承座会抬高一边的距离 ②如果垫轴承座的内侧,轴承座不仅会抬高一边,整体也会抬高 ③如果垫轴承座的两侧,轴承座只会整体抬高 5. 侧索线测量 1）将杠杆百分表直接吸在滑块上 2）表头指向检验棒的侧面,平移滑块看数值的变化 3）解决方法： ①如果数值由大变小,则拧松螺钉,抵住轴承座的外侧,将对角小幅度向右调整至侧索线平行,锁紧螺钉,锁紧过程中观察数值的变化 ②如果数值由小变大,则拧松螺钉,抵住轴承座的内侧,将对角小幅度向左调整至侧索线平行,锁紧螺钉,锁紧过程中观察数值的变化 ③如果两个轴承座均与导轨平行但两轴承座轴线不重合,则需要将轴承座整体平移,拧松螺钉,小幅度调整轴承座的侧面,将两个轴承座调节到精度符合任务要求后,锁紧螺钉	
活灵间隙的测量	1. 测量活灵间隙（粗调） 用磁性表座吸住螺母支座,使用直角尺进行粗调	

（续）

名称	安装说明	图　示
活灵间隙的测量	2. 测量活灵间隙（微调） 1）将百分表吸在直角尺上 2）使百分表表头垂直于平面 3）在平面上用记号笔标记两个点 4）测量两点之间的高度差，调节活灵相对于工作台面的水平度误差在 0.03mm 以内，并记录百分表在活灵中间位置上的高度值 5）将百分表打在一个等高块的中间位置，并记录高度值 6）等高块的高度减去螺母支座的高度即为活灵间隙。垫铜皮时应去掉由于活灵自重使丝杠形变所产生的间隙，一般间隙不大于 0.05mm。最后所垫铜皮的厚度应比实际的测量值小 0.01～0.05mm	
安装中滑板	1）将中滑板放在等高块上 2）使中滑板上的螺孔与等高块上的孔对齐 3）使底板基准导轨上的等高块的两个孔朝向操作者 4）将螺钉放入螺孔内，用预紧力拧紧	

四、任务评价（表 4-18）

表 4-18　任务评价

评价项目	评价内容	分值	个人评价	小组互评	教师评价	得分
理论知识	了解操作规范	5				
	了解设备安装顺序	5				
实训操作	安装底板	5				
	轴承座轴心连线与导轨副的运动平行度误差≤0.03mm	10				
	测量出螺母支座与中滑板之间的间隙，并选择适当的调整垫片	10				
	用塞尺测量出螺母支座与小拖板间的间隙，并选择适当的调整垫片	10				
	气动夹爪相对于下模固定块高出 1~2mm	5				
	气动夹爪与底座平行度误差≤0.03mm	10				
安全文明	遵守操作规程	5				
	职业素质规范化养成	10				
	"7S"管理	5				
学习态度	考勤情况	10				
	遵守实习纪律	5				
	团队协作	5				
	总得分	100				
成果分享	收获之处					
	不足之处					
	改进措施					

▶ 项目评价与小结

1. 项目主要技术指标与检测技术及总体评价

二维工作台的整体安装与调试，控制系统调整的任务评价，可以让学生分组进行，有条件的可以两人为一组进行考核，可以根据学生的装配熟练程度设定考核时间，进行考核计时。

理论知识主要通过学生作业的形式进行个人评价、小组互评和教师评价。实践操作则通过项目任务，根据各学生的完成情况，包括装配方法与装配精度、装配的正确性、灵活性、熟练程度、7S 执行情况等进行评价。任务评价记录表见表 4-19。

2. 项目成果小结

通过学习以上知识，完成以上任务，学生们能够读懂送料机构（二维工作台）装配图。

表 4-19 项目评价

评价项目	评价内容	分值	个人评价	小组互评	教师评价	得分
理论知识	掌握丝杠螺母和滚珠丝杠机构的工作原理、运动特点、功能和应用	35				
实践操作	会做丝杠机构的调整工作 学会二维工作台机构的装调	30				
安全文明	遵守操作规程	5				
	职业素质规范化养成	5				
	"7S"管理	5				
学习态度	考勤情况	5				
	遵守实习纪律	5				
	团队协作	10				
总得分		100				
成果分享	收获之处					
	不足之处					
	改进措施					

通过装配图，能够清楚零件之间的装配关系，机构的运动原理及功能，检测导轨与基准面的平行度误差，并进行调整；检测导轨与导轨的平行度误差，并进行调整；检验导轨与丝杠的平行度误差，并进行调整；检验两轴承座中心等高度误差，并进行调整；检验上、下导轨运动的垂直度误差，并进行调整等。

▶ 拓展练习

1）根据下列要求完成二维工作台的装配与调整（表4-20）。

表 4-20 任务要求

项 目	工作内容	工作要求
准备工作	准备工、量具	工、量具摆放整齐有序
安装底板	清洗、清理配合面,完成底板的装配	配合面清洗干净,装配正确,拧紧可靠,拧紧力矩为 9.0~9.5N·m
安装直线导轨	清洗、清理配合面,选择合理的工艺完成直线导轨的安装	两直线导轨平行度误差≤0.02mm
		配合面清洗干净,装配正确,拧紧可靠,拧紧力矩为 2.8~3.0N·m
安装底板两轴承座	清洗轴承座安装表面,选择合理的工艺完成轴承安装,拧紧可靠并达到精度要求	清洗表面,润滑安装孔
		螺钉拧紧力矩为 8.5~9.0N·m
		两轴承座轴心连线与导轨副的运动平行度(上素线、侧素线)误差≤0.03mm(检验棒检测,离轴承座位置近端 5mm 左右,远端 20mm 左右)

（续）

项　目	工作内容	工作要求
安装中滑板	清洗、清理配合面,测量出螺母支座一与中滑板之间的间隙,选择适当的调整热片	配合面清洗干净、装配正确
		中滑板与螺母支座一之间间隙误差≤0.05mm(校平活灵安装座至水平,水平度误差≤0.02mm,选择合适的垫片)
安装中滑板两轴承座	清洗轴承座安装表面,选择合理的工艺完成轴承座的安装,拧紧可靠并达到精度要求	清洗表面,润滑安装孔
		螺钉拧紧力矩为8.5~9.0N·m
		两轴承座轴心连线与导轨副的运动平行度(上素线、侧素线)误差≤0.03mm(检验棒检测,离轴承座位置近端5mm左右,远端20mm左右)
安装上滑府	清洗、清理配合面;调整螺母支座二与上滑座之间的间隙	配合面清洗干净,装配正确
		测量出螺母支座二与上滑座之间的间隙,选择适当的调整垫片
安装气动夹爪	清洗、清理配合面;选择合理的工具和工艺将气动夹爪固定在上滑座上,并达到精度要求	配合面清洗干净,装配正确
		调整夹钳摆动板与夹钳支撑板之间的间距,开口间距为2~3mm
安装同步带		同步带的张紧力适当
安装传感器		传感器位置正确,感应距离为1~2mm
气路连接		按气动回路图进行气路连接
部件整体测试	下载自检程序,运行二维送料部件	测试并确认各个传感器、执行机构满足功能要求

2）简答题。

① 直线导轨副的性能特点有哪些?

② 导轨在垂直平面内直线度的调试方法有哪些?

③ 导轨在水平面内直线度的调试方法有哪些?

④ 导轨平面度的调试方法有哪些?

⑤ 滚珠丝杠的支承方式有哪几种?都用于什么场合?

项目五

设备模块功能调试

项目概述

THMDZW-2 型通用机电设备装调与维护实训装置的电气部分是控制整台设备运作的核心模块。本设备电气部分由拓展模块、三菱可编程序控制器、伺服驱动器、变频器、步进驱动器、触摸屏组成。

三菱 FX3U 系列 PLC 将一个微处理器、一个集成电源和数字量 I/O 点集成在一个紧凑的封装中，从而形成了一个功能强大的微型 PLC，它是工业控制电路的中枢。它的功能与单片机极其相似，不同之处在于 PLC 针对工业环境，并且它集成了一些端口、外设功能，并在抗干扰方面做了加强。变频器是利用半导体器件的通断作用将工频电源变换为另一频率的电能控制装置，它在本设备中控制上下料机构的运行。伺服驱动器是一种数字化控制的电动机，能够将电能转换为机械能，用于定位控制。它在本设备中控制二维工作台的运行。步进驱动器是一种将电脉冲转化为角位移的执行机构，它在本设备中控制转塔的运行。

项目目标

1. 知识目标

1）能够快速识别电气原理图并理解其工作原理。

2）能够准确读懂任务要求，初步形成编程思路。

3）能够根据故障现象进行理论分析，得出排除故障的方案。

2. 能力目标

1）能根据电气原理图完成电路的连接以及电气参数的设置。

2）能够根据任务要求编写测试程序并成功调试。

3）能够根据故障现象排除故障。

项目分析与工作任务划分

1）能够读懂设备电器原理图。通过原理图，了解机构的运动原理及电气线路的连接。

2）理解图样中的要求，能够根据图样要求正确连接电路、气路（表 5-1）。

① 掌握各个传感器的接线原理。

② 掌握电磁阀的接线原理。

③ 掌握排除故障的方法。

④ 掌握编写简单程序的方法。

表 5-1 设备电气连接的项目、内容及工具

序号	项目	内容	工具
1	电气线路连接	量取长度合适的电缆	一字螺钉旋具、十字螺钉旋具、压线钳、剥线钳、剪刀
		压线端子	
		套号码管并做标号	
		按图接线	
		整理线路工艺	
2	仓储机构、转塔机构及二维工作台功能测试	电气元件参数设置	螺钉旋具、计算机
		气路检查	
		手动调试	
		编写程序进行自动检测	
		故障分析及排查	

▶ 设备简介

　　通用机电设备模拟了实际生产中的数控冲孔机床，它们的产品精度要求一般都很高，所以装配精度能否达标至关重要。本项目主要目的是，使学生通过子程序运行熟练地对该设备的三大机构——转塔机构、仓储机构及二维机构的安装精度进行测试，并能够发现问题、解决问题，便于后续联机运行正常实施。

▶ 知识链接

一、三菱 PLC 指令系统

1. 基本指令（表 5-2）

表 5-2 基本指令表

名　称	助记符	目标元件	说　明
取指令	LD	X、Y、M、S、T、C	常开触点逻辑运算起始
取反指令	LDI	X、Y、M、S、T、C	常闭触点逻辑运算起始
线圈驱动指令	OUT	Y、M、S、T、C	驱动线圈的输出
与指令	AND	X、Y、M、S、T、C	单个常开触点的串联
与非指令	ANI	X、Y、M、S、T、C	单个常闭触点的串联
或指令	OR	X、Y、M、S、T、C	单个常开触点的并联
或非指令	ORI	X、Y、M、S、T、C	单个常闭触点的并联
或块指令	ORB	无	串联电路块的并联连接
与块指令	ANB	无	并联电路块的串联连接
主控指令	MC	Y、M	公共串联触点的连接
主控复位指令	MCR	Y、M	MC 的复位

(续)

名　称	助记符	目标元件	说　　明
置位指令	SET	Y、M、S	使动作保持
复位指令	RST	Y、M、S、D、V、Z、T、C	使操作保持复位
上升沿产生脉冲指令	PLS	Y、M	输入信号上升沿产生脉冲输出
下降沿产生脉冲指令	PLF	Y、M	输入信号下降沿产生脉冲输出
空操作指令	NOP	无	使步序做空操作
程序结束指令	END	无	程序结束

2. 逻辑取及线圈驱动指令 LD、LDI、OUT

LD，取指令。表示一个与输入母线相连的动合触点指令，即动合触点逻辑运算起始。

LDI，取反指令。表示一个与输入母线相连的动断触点指令，即动断触点逻辑运算起始。

OUT，线圈驱动指令，也叫输出指令。

LD、LDI 指令的目标元件是 X、Y、M、S、T、C，用于将触点接到母线上，也可以与后述的 ANB 指令、ORB 指令配合使用，在分支起点也可使用。

OUT 是驱动线圈的输出指令，它的目标元件是 Y、M、S、T、C，对输入继电器不能使用。OUT 指令可以连续使用多次。

LD、LDI 是一个程序步指令，这里的一个程序步即是一个字。OUT 是多程序步指令，要视目标元件而定。

OUT 指令的目标元件是定时器和计数器时，必须设置常数 K。

3. 触点串联指令 AND、ANI

AND，与指令。用于单个动合触点的串联。

ANI，与非指令，用于单个动断触点的串联。

AND 与 ANI 都是一个程序步指令，它们串联触点的个数没有限制，也就是说这两条指令可以多次重复使用。这两条指令的目标元件为 X、Y、M、S、T、C。

OUT 指令后，通过触点对其他线圈使用 OUT 指令称为纵输出或连续输出。这种连续输出如果顺序正确，可以多次重复。

4. 触点并联指令 OR、ORI

OR，或指令，用于单个动合触点的并联。

ORI，或非指令，用于单个动断触点的并联。

OR 与 ORI 指令都是一个程序步指令，它们的目标元件是 X、Y、M、S、T、C。这两条指令都针对单个触点。需要两个以上触点串联连接电路块的并联连接时，要用后述的 ORB 指令。

OR、ORI 是从该指令的当前步开始，对前面的 LD、LDI 指令并联连接。并联的次数无限制。

5. 串联电路块的并联连接指令 ORB

两个或两个以上的触点串联连接的电路叫串联电路块。串联电路块并联连接时，分支开始用 LD、LDI 指令，分支结束用 ORB 指令。ORB 指令与后述的 ANB 指令均为无目标元件指令，而这两条无目标元件指令的步长都为一个程序步。ORB 指令有时也简称或块指令。

ORB 指令的使用方法有两种：一种是在要并联的每个串联电路后加 ORB 指令；另一种是集中使用 ORB 指令。对于前者分散使用 ORB 指令时，并联电路块的个数没有限制，但对于后者集中使用 ORB 指令时，并联电路块的个数不能超过八个（即重复使用 LD、LDI 指令的次数限制在八次以下），所以不推荐用后者编程。

6. 并联电路的串联连接指令 ANB

两个或两个以上触点并联电路称为并联电路块，分支电路并联电路块与前面电路串联连接时，使用 ANB 指令。分支的起点用 LD、LDI 指令，并联电路结束后，使用 ANB 指令与前面电路串联。ANB 指令也简称与块指令，它也无操作目标元件，是一个程序步指令。

7. 主控及主控复位指令 MC、MCR

MC 为主控指令，用于公共串联触点的连接，MCR 为主控复位指令，即 MC 的复位指令。在编程时，经常遇到多个线圈同时受到一个或一组触点控制的情况，如果在每个线圈的控制电路中都串入同样的触点，将多占用存储单元，应用主控指令可以解决这一问题。使用主控指令的触点称为主控触点，它在梯形图中与一般的触点垂直。它们是与母线相连的动合触点，是控制一组电路的总开关。

MC 指令是三个程序步，MCR 指令是两个程序步，两条指令的操作目标元件都是 Y、M，但不允许使用特殊辅助继电器 M。

8. 置位与复位指令 SET、RST

SET 为置位指令，使动作保持；RST 为复位指令，使操作保持复位。SET 指令的操作目标元件为 Y、M、S，而 RST 指令的操作元件为 Y、M、S、D、V、Z、T、C。这两条指令是一至三个程序步。用 RST 指令可以对定时器、计数器、数据寄存、变址寄存器的内容清零。

9. 脉冲输出指令 PLS、PLF

PLS 指令在输入信号上升沿产生脉冲输出，而 PLF 在输入信号下降沿产生脉冲输出，这两条指令都是两个程序步，它们的目标元件是 Y 和 M，但特殊辅助继电器不能作为目标元件。使用 PLS 指令，元件 Y、M 仅在驱动输入接通后的一个扫描周期内动作（置 1）；而使用 PLF 指令，元件 Y、M 仅在驱动输入断开后的一个扫描周期内动作。

使用这两条指令时，要特别注意目标元件。例如，在驱动输入接通时，PLC 由运行到停机到运行，此时 PLS　M0 动作，但 PLS　M600（断电时，电池后备的辅助继电器）不动作。这是因为 M600 是特殊保持继电器，即使在断电停机后其动作也能保持。

10. 空操作指令 NOP

NOP 指令是一条无动作、无目标元件的一个程序步指令。空操作指令使该步序做空操作。用 NOP 指令替代已写入指令，可以改变电路。在程序中加入 NOP 指令，在改动或追加程序时可以减少步序号的改变。

11. 程序结束指令 END

END 是一条无目标元件的一个程序步指令。若无结束指令，PLC 会反复进行输入处理、程序运算、输出处理，若在程序最后写入 END 指令，则 END 以后的程序就不再执行，直接进行输出处理。在程序调试过程中，按段插入 END 指令，可以按顺序扩大对各程序段动作的检查。采用 END 指令将程序划分为若干段，在确认处于前面电路块的动作正确无误之后，可依次删去 END 指令。要注意的是在执行 END 指令时，会刷新监视时钟。

二、PLC 特殊指令介绍

1. DDRVA：绝对位置驱动

D0：位置（相对于原点的脉冲数）；

D2：频率（每秒钟发送的脉冲数）；

Y000：脉冲输出口；

Y001：方向输出口。

其中 DRVA 表示 16 位传输数据，DDRVA 表示 32 位传输数据。

2. DDRVI：相对位置驱动

该指令与 DDRVA 的用法一样，唯一不同的是：D0 表示的是相对于当前位置的脉冲数。

三、PLC 控制系统的设计与故障诊断

1. 分析被控对象

分析被控对象的工艺过程及工作特点，可了解被控对象机、电之间的配合，确定被控对象对 PLC 控制系统的控制要求。可根据生产工艺过程分析控制要求，如需要完成的动作（动作顺序、动作条件、必需的保护和连锁等）、操作方式（手动、自动、连续、单周期、单步等）。

2. 确定输入/输出设备

根据系统的控制要求，确定系统所需的输入设备（如：按钮、位置开关、转换开关等）和输出设备（如：接触器、电磁阀、信号指示灯等），据此确定 PLC 的 I/O 点数。

3. 选择 PLC

包括 PLC 的机型、容量、I/O 模块、电源的选择。

4. 分配 I/O 点

分配 PLC 的 I/O 点，画出 PLC 的 I/O 端子与输入/输出设备的连接图或对应表。

5. 设计软件及硬件

进行 PLC 程序设计，进行控制柜（台）等硬件及现场施工。由于程序与硬件设计可同时进行，因此 PLC 控制系统的设计周期可大大缩短，而对于继电器系统，必须先设计出全部的电气控制电路后才能进行施工设计。

6. 硬件设计及现场施工的步骤

1）设计控制柜及操作面板电器布置图及安装接线图。

2）设计控制系统各部分的电气互连图。

3）根据图样进行现场接线，并检查。

7. 排除故障的方法

借助故障检测手段来确定故障所在位置，从而更好地分析故障原因，找出解决问题的方

法，这就是故障的排除方法。在对设备故障进行检测判断的基础上，排除故障还需要采用一定的方法。常用的排除故障的方法一般有以下几种：

（1）常规检查法 依靠人的感觉器官（如：有的电气设备在使用中有烧焦的煳味，打火、放电的现象等）并借助一些简单的仪器（如万用表）来查找故障原因。这种方法在维修中最常用，也是首先采用的。

（2）替换法 即在怀疑某个器件或电路板有故障但不能确定，且有代用件时，可替换试验，看故障现象是否消失，恢复正常。

（3）逐步排除法 当有短路故障出现时，这个方法比较实用，可逐步隔离部分线路以确定故障范围和故障点。

（4）原理分析法 根据控制系统的组成原理图，通过追踪与故障相关联的信号进行分析判断，找出故障点，并查出故障原因。使用本方法，要求维修人员对整个系统和单元电路的工作原理有清楚的理解。

以上几种常用的方法可以单独使用，也可以混合使用。实际操作中遇到故障，应结合具体情况灵活应对。

四、变频器模块的功能与使用

1. 基本操作面板功能说明

变频器操作面板示意图如图 5-1 所示，基本操作面板功能说明见表 5-3。

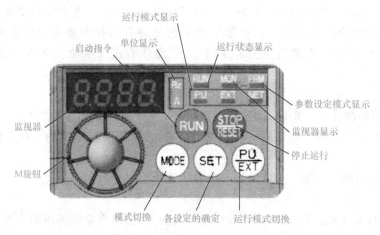

图 5-1 变频器操作面板示意图

表 5-3 基本操作面板功能说明

操作面板组成部分	功　能
运行模式显示	PU：PU 运行模式时亮灯；EXT：外部运行模式时亮灯；NET：网络运行模式时亮灯
单位显示	Hz：显示频率时亮灯；A：显示电流时亮灯（显示电压时熄灯，显示设定频率监视时闪烁）
监视器（4 位 LED）	显示频率、参数编号等
M 旋钮	用于变更频率、参数的设定值。按该按钮可显示以下内容：监视模式时的设定频率；校正时的当前设定值；错误历史模式时的顺序
模式切换	用于切换各设定模式。和 $\dfrac{\text{PU}}{\text{EXT}}$ 键同时按下也可以用来切换运行模式。长按此键（2s）可以锁定操作

（续）

操作面板组成部分	功　　能
各设定的确定	运行中按此键则监视器出现以下显示：运行频率→输出电流→输出电压
运行状态显示	变频器动作中亮灯/闪烁。亮灯：正转运行中，缓慢闪烁（1.4s 循环）；反转运行中，快速闪烁（0.2s 循环）（按 RUN 键或输入启动指令都无法运行时；有启动指令，频率指令在启动频率以下时；输入了 MRS 信号时）
参数设定模式显示	参数设定模式时亮灯
监视器显示	监视模式时亮灯
停止运行	停止运行，也可以用于报警复位
运行模式切换	用于切换 PU/外部运行模式。使用外部运行模式（通过外接的频率设定旋钮和启动信号控制变频器运行）时请按此键，使表示运行模式的 EXT 处于亮灯状态（切换至组合模式时，可同时按 MODE 键（0.5s）或者变更参数 Pr.79）。PU：PU 运行模式；EXT：外部运行模式
启动指令	通过 Pr.40 的设定，可以选择旋转方向

2. 端子接线操作说明（图 5-2）

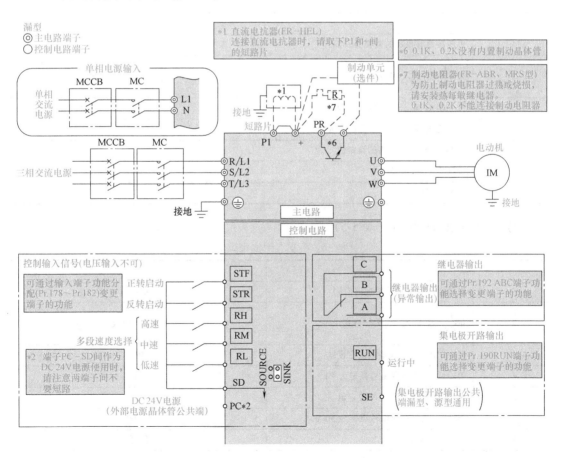

图 5-2　变频器接线示意图

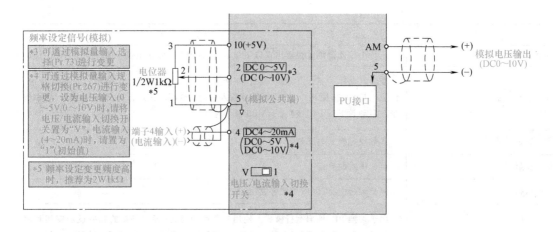

图 5-2 变频器接线示意图（续）

3. 参数设置方法

(1) 恢复参数为出厂值（表 5-4）

表 5-4 恢复参数为出厂值

设置步骤	操　作	显　示
1	电源接通时显示的监视器画面	0.00
2	按 $\frac{PU}{EXT}$ 键，进入 PU 运行模式	PU 显示灯亮
3	按 MODE 键，进入参数设定模式	P0
4	旋转旋钮，将参数编号设定为 ALLC	ALLC
5	按 SET 键，读取当前的设定值	0
6	旋转旋钮，将值设定为 1	1
7	按 SET 键确定	闪烁

(2) 变更参数的设定值（表 5-5）

表 5-5 变更参数的设定值

设置步骤	操　作	显　示
1	电源接通时显示的监视器画面	0.00
2	按 $\frac{PU}{EXT}$ 键，进入 PU 运行模式	PU 显示灯亮
3	按 MODE 键，进入参数设定模式	P0
4	旋转旋钮，将参数编号设定为 P1	P1
5	按 SET 键，读取当前的设定值	120.0
6	旋转旋钮，将参数编号设定为 50.00Hz	50.00
7	按 SET 键确定	闪烁

(3) 三菱主要参数设置（外部端子控制多段速设置）（表 5-6）

表 5-6　三菱主要参数设置

序号	参数代号	初始值	设置值	说明
1	P79	0	3	运行模式选择
2	P1	120	50	上限频率/Hz
3	P2	0	0	下限频率/Hz
4	P3	50	50	电动机额定频率/Hz
5	P6	0	8	低速运行/Hz
6	P7	5	2	加速时间/s
7	P8	5	0	减速时间/s

注：本设备运行频率由"RL"端接通来控制。

五、伺服驱动器模块的功能与使用

1. 交流伺服驱动器

配套伺服驱动系统（图 5-3）选用台湾东元 TSTE 交流伺服驱动系统及电动机，其连接方法、参数设置及故障诊断详见《台湾东元 AC 伺服 TSTE 简易手册》。

2. 面板操作功能说明

1）TSTE 交流伺服驱动器包含五位 LED 七段显示器、四个操作按键以及一个 LED 指示灯，如图 5-4 所示。其中，POWER 指示灯亮（绿色）时，表示本装置已经通电，可以正常运作；当关闭电源后，本装置的主电路尚有余电存在，使用者必须等到此灯全暗后才可拆装电线。

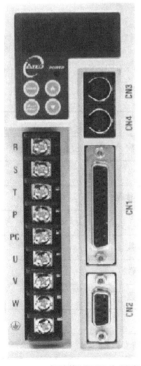

图 5-3　TSTE 交流伺服驱动器实物图

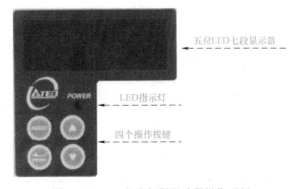

五位LED七段显示器

LED指示灯

四个操作按键

图 5-4　TSTE 交流伺服驱动器操作面板

2）四个操作按键说明（表 5-7）。

表 5-7　四个操作按键说明

按键符号	按键名称	按键功能说明
(MODE)	模式选择键 （MODE 键）	1. 选择本装置所提供的九种参数，每按一下会依序循环变换参数 2. 在设定资料界面时，按一下跳回参数选择界面
(▲)	数字增加键 （UP 键）	1. 选择各种参数的下一个 2. 改变数字资料
(▼)	数字减少键 （DOWN 键）	3. 同时按 (▲) 及 (▼) 键，可清除异常报警状态
(ENTER)	资料设定键 （ENTER 键）	1. 资料确认；参数项次确认 2. 左移可调整位数 3. 结束设定资料

3. 伺服驱动器的连接

1）TSTE 交流伺服驱动器的接线图如图 5-5 所示。

2）控制端子定义说明。

➤ RDY：伺服准备完成；

➤ SON：伺服使能；

➤ DICOM：DI 电源公共端；

➤ IG24：+24V 电源地端。

4. 驱动器参数设置

（1）驱动器参数群组说明　本驱动器参数分为九大类（表 5-8）。

表 5-8　驱动器参数说明

代　号	说　　明
Un-××	状态显示参数
dn-××	诊断参数
AL-××	异常警报履历参数
Cn-××	系统参数
Tn1××	转矩控制参数
Sn2××	速度控制参数
Pn3××	位置控制参数
qn4××	快捷参数
Hn5××	多机能触点规则参数

注：1. ×× 代表此参数群组的项次。

　　2. 按 "MODE" 键可依序循环变换该九种参数。

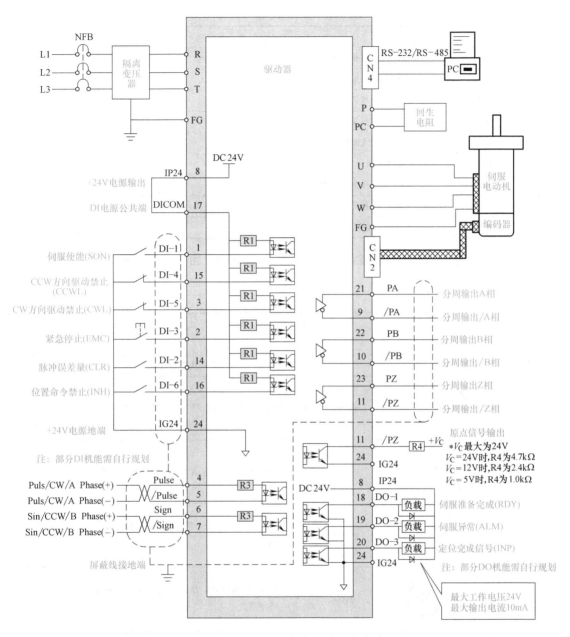

图 5-5　TSTE 交流伺服驱动器接线图

驱动器参数的生效方式见表 5-9。

表 5-9　驱动器参数的生效方式

符　　号	生 效 方 式
★	需重开电源,设定值才有效
◆	不需按"ENTER"键,更改设定值后即时生效
●	此参数不受 Cn029 出厂重置

(2) 驱动器参数机能表 (表 5-10)

表 5-10　驱动器参数机能表

参 数 代 号	名称与机能
dn-01	目前控制模式显示
dn-02	输出触点信号状态
dn-03	输入触点信号状态
dn-04	CPU 软件版本显示
dn-05	JOG 模式操作
dn-06	保留
dn-07	外部电压命令偏移量自动调整
dn-08	显示系列化机种
dn-09	ASIC 软件版本显示

（3）驱动器参数的设置　在此举例说明，例如将 Sn201 由 100 设置成 -100，设置步骤见表 5-11。

表 5-11　驱动器参数的设置步骤

步骤	操作按键	操作后 LED 显示界面	说　明
1	开启电源	Un-01	当电源开启时,进入状态显示参数
2	MODE	Sn201	按"MODE"键 5 次,进入速度控制参数
3	ENTER	00100	持续按"ENTER"键达 2s 后,进入 Sn201 的设定界面
4	ENTER	00100	按"ENTER"键 4 次,将可调整的位数左移 4 位,亦即移到最高位数
5	▲ 或 ▼	-0100	按"UP"键或"DOWN"键一次,出现"-"符号;若再按一次则"-"符号消失
6	ENTER	-SET-	持续按"ENTER"键直到出现"-SET-",表示目前设定值已经储存,"-SET-"出现一下后马上跳回目前的参数项次选择界面

（4）本实训平台伺服驱动器出厂设置参数

Cn001 = H0002（位置控制模式）。

Cn002 = H0011（驱动器上电马上励磁,忽略 CCW 和 CW 驱动禁止机能）。

Cn025 = 00025（负载惯量比）。

Pn301 = H0000（脉冲命令形式:脉冲+方向;脉冲命令逻辑:正逻辑）。

Pn302 = 00003（电子齿轮比分子）。

Pn306 = 00001（电子齿轮比分母）。

Pn314 = 00001（0：顺时针方向旋转；1：逆时针方向旋转）。如果在运行时方向相反，改变此参数的设定值。

注意：把 Cn029 设为 1 即对伺服驱动器参数进行了恢复出厂设置，重新上电后若出现 AL-05 号报警，先把 Cn030 设为 H1121，断电再上电可排除 AL-05 报警；若还是无法排除 AL-05 报警，请仔细检查电动机到驱动器之间的编码器连接线是否有接触不良现象。

5. 伺服电动机旋转脉冲数计算

$$x = \frac{P}{10000} \times \frac{Pn302}{Pn306} \times 5$$

式中　x——位移；

　　　P——PLC 输出的脉冲数；

10000——伺服驱动电动机旋转 1 圈的脉冲个数 [伺服电动机编码器旋转 1 圈反馈的脉冲个数为 2500 个，由于伺服驱动器采用了 4 倍频技术（请查阅相关书籍），所以伺服电动机旋转 1 圈的脉冲个数为 4×2500 个 = 10000 个]；

Pn302——电子齿轮比分子；

Pn306——电子齿轮比分母。

六、步进驱动器模块的功能与使用

下面对 2M542 步进驱动器进行介绍，图 5-6 所示为步进驱动器实物。

图 5-6　步进驱动器实物图

1. 驱动器接口和接线介绍

（1）P1 接口功能介绍（表 5-12）

表 5-12　P1 接口功能介绍

名　称	功　能
PLS+	脉冲信号：脉冲控制信号，此时脉冲上升沿有效；PLS-高电平时 4~5V，低电平时 0~0.5V。为了可靠响应，脉冲宽度大于 1.5μs。如采用+12V 或+24V 时，需加电阻限流
PLS−	

（续）

名　　称	功　　能
DIR+ DIR−	方向信号:高/低电平信号,对应电动机正反向。为保证电动机可靠响应,方向信号应先于脉冲信号至少 5μs 建立,电动机的初始运行方向与电动机的接线有关,互换任一相绕组(如 A+、A−交换)可以改变电动机初始旋转的方向。DIR−高电平时 4~5V,低电平时 0~0.5V
ENA+ ENA−	使能信号:此输入信号用于使能/禁止,高电平使能,低电平时驱动器不能工作。一般情况下可不接,使之悬空而自动使能

（2）P2 接口功能介绍（表 5-13）

表 5-13　P2 接口功能介绍

名　　称	功　　能
VDC	直流电源正极,取+24~+50V 间任何值均可,但推荐值 DC+36V 左右
GND	直流电源接地
A	电动机 A 相,A+、A−互调,可更换一次电动机旋转方向
B	电动机 B 相,B+、B−互调,可更换一次电动机旋转方向

（3）P1 接口控制信号接线介绍　2M542 步进驱动器采用差分式接口电路,可适用差分信号、单端共阴或共阳等接口;内置高速光电耦合器,允许接长线驱动器,集电极开路和 PNP 输出电路的信号。在恶劣的环境下使用长线驱动器电路,抗干扰能力强。

现在以集电极开路和 PNP 输出为例,其接口电路示意图如图 5-7 所示,其中图 5-7a 所示为集电极开路（共阳极）,图 5-7b 所示为 PNP 输出（共阴极）。

注意:当 VDC 值为 5V 时,R 短接;VDC 值为 12V 时,R 为 1kΩ、大于 1/4W 的电阻;VDC 值为 24V 时,R 为 2kΩ、大于 1/2W 电阻;R 必须接在控制器信号端。

（4）驱动器布线要求

1）为了防止驱动器受干扰,建议使用双绞线屏蔽电缆线,并且屏蔽层与地线连接,同一机器内允许在同一点接地。如果不是真实接地线,可能干扰严重,此时屏蔽层不接地。

2）脉冲、方向信号线和电动机动力线不得并排连接在一起,至少分开 10cm 以上,否则电动机噪声容易干扰脉冲、方向信号,影响电动机控制精度。

3）在使用多台驱动器时,电源线应并联连接,不允许串联连接。

4）不得带电插拔驱动器的 P2 接口端子,否则将损坏驱动器。

2. 电流、细分拨码开关设定

2M542 步进驱动器采用八位拨码开关设定细分精度、动态电流和半流/全流,如图 5-8 所示。

（1）电流设定　SW1~SW3 三位拨码开关用于设定电动机运转时的电流（动态电流）,而 SW4 拨码开关用于设定静止时的电流（静态电流）。

1）工作（动态）电流设定。用三位拨码开关一共可设定 8 个电流级别,见表 5-14。

2）停止（静态）电流设定。静态电流用第 4 位开关设定,off 表示静态电流设为电流的 50%左右（实际上为 60%）,on 表示静态电流与动态电流相同。一般用途中应将 SW4 设成 off,使得电动机和驱动器的发热减少,可靠性提高。脉冲串停止后约 0.2s 电流自动减至设定值的 60%,理论上减至 36%（发热与电流二次方成正比）。

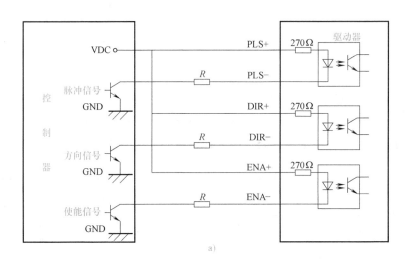

a)

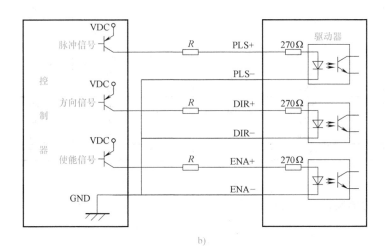

b)

图 5-7　P1 接口控制信号接线图

a）集电极开路（共阳极）　b）PNP 输出（共阴极）

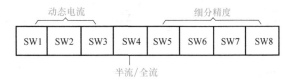

图 5-8　拨码开关

表 5-14　电流设定表

峰值电流/A	SW1	SW2	SW3
1.00	on	on	on
1.46	off	on	on
1.91	on	off	on

通用机电设备装调技术训练教程

（续）

峰值电流/A	SW1	SW2	SW3
2.37	off	off	on
2.84	on	on	off
3.31	off	on	off
3.76	on	off	off
4.20	off	off	off

（2）细分设定　细分精度由 SW5~SW8 四位拨码开关设定，见表 5-15。

表 5-15　细分设定表

细分倍数	步数/圈（1.8°/整步）	SW5	SW6	SW7	SW8
2	400	off	on	on	on
4	800	on	off	on	on
8	1600	off	off	on	on
16	3200	on	on	off	on
32	6400	off	on	off	on
64	12800	on	off	off	on
128	25600	off	off	off	on
5	1000	on	on	on	off
10	2000	off	on	on	off
20	4000	on	off	on	off
25	5000	off	off	on	off
40	8000	on	on	off	off
50	10000	off	on	off	off
100	20000	on	off	off	off
125	25000	off	off	off	off

3. 步进驱动器与步进电动机的接线

图 5-9 所示为驱动器与电动机接线图。

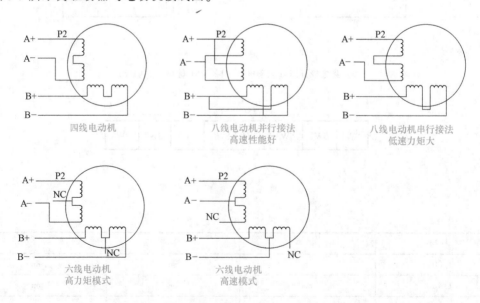

图 5-9　驱动器与电动机接线图

1）四线电动机和六线电动机高速模式：输出电流设成等于或略小于电动机额定电流值。

2）六线电动机高力矩模式：输出电流设成电动机额定电流的 0.7。

3）八线电动机并行接法：输出电流应设成电动机单极性接法电流的 1.4 倍。

4）八线电动机串行接法：输出电流应设成电动机单极性接法电流的 0.7。

注：本实训中的步进电动机采用四线电动机。

4. 步进电动机旋转脉冲数计算

$$\frac{R_1}{360}P_2 = P_1 \tag{5-1}$$

$$R_2 \frac{1}{i_2 i_1} = R_1 \tag{5-2}$$

由式（5-1）和式（5-2）得：$R_2 \dfrac{1}{i_2} \dfrac{1}{i_1} \dfrac{1}{360} P_2 = P_1$，即 $\dfrac{R_2 P_2}{i_2 i_1 \times 360} = P_1$

式中　P_1——PLC 输出的脉冲数；

　　　P_2——步进驱动器设置的细分数；

　　　R_2——被控对象旋转的弧度（rad）；

　　　R_1——步进电动机所要旋转的弧度（rad）；

　　　i_1——对象上链轮的传动比（15：35）；

　　　i_2——步进电动机的减速比（1：30）；

　　　360——电动机旋转 1 圈（360°）。

5. 步进电动机驱动器出厂设置参数

1）工作（动态）峰值电流设定为 1.91A：SW1 为 on，SW2 为 off，SW3 为 on。

2）停止（静态）电流设定为半流：SW4 为 off。

3）细分设定为 8000：SW5 为 on，SW6 为 on，SW7 为 off，SW8 为 off。

注意：步进电动机带动上下模盘转动，俯视观察应为顺时针方向旋转。若不转或为逆时针方向旋转，则需确定步进电动机驱动器引出线 A+、A−、B+、B−的接线位置是否正确。

任务一　设备拓展模块电气线路的连接与调试

一、任务要求与电气线路连接工艺

1）按照表 5-16 分配端口完成电气柜扩展面板的连线、伺服驱动器参数设置、下载 PLC 程序完成设备测试与自检及部件的功能测试。

2）根据自检结果分析故障现象，并按要求完成故障诊断，排除设备故障。

3）多余线长不超过 10cm，线路连接正确、可靠，套号码管正确（图 5-10）。

表 5-16　端口及说明

输入端子	功能说明	输出端子	功能说明
三菱 PLC		三菱 PLC	
X40	SA1	Y20	绿色指示灯
X36	SB1	Y21	红色指示灯
X37	SB2	Y22	蜂鸣器

图 5-10　柜内线路工艺

二、电气线路连接的工、量具选用（表 5-17）

表 5-17　工、量具选用

名　称	型　号	数　量
小一字螺钉旋具	3mm×75mm	一把
大十字螺钉旋具	6mm×100mm	一把
压线钳		一把
剥线钳		一把
剪刀		一把
油性水笔		一支

三、设备拓展模块电气线路的连接与调试任务实施（表 5-18）

表 5-18　任务实施

序号	步　　骤	安装图示
1	将线槽盖板掀开放置在旁边,将制线工具放置在电器柜上。在打开线槽的时候,要轻拿轻放,以免造成其他电路故障	 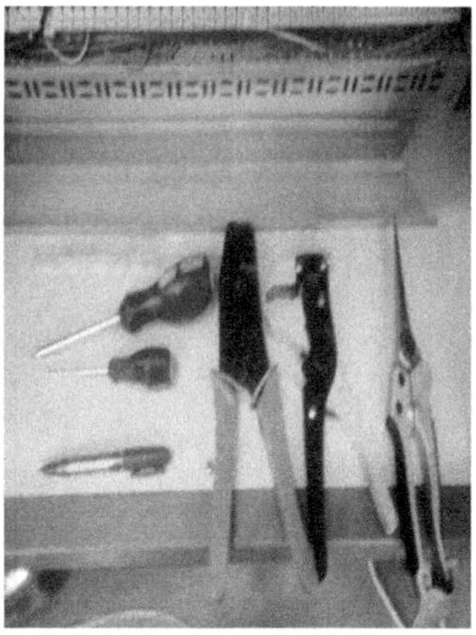
2	根据设备上每种线所需的长度剪线（红线,24V、3 根;绿线信号线,6 根;黑线,0V、3 根）。为节约时间,相同电缆可以同时剪线、剥线	 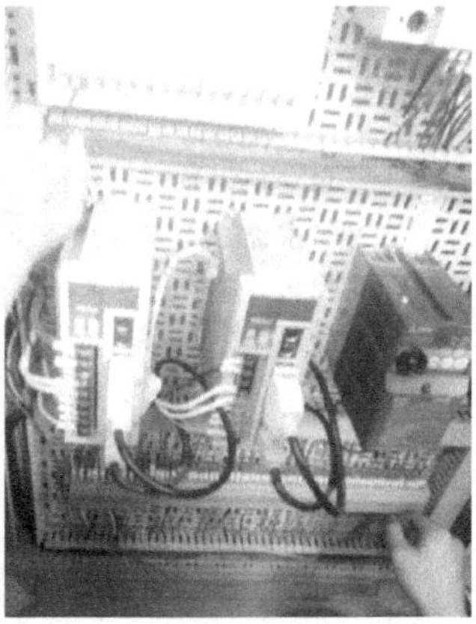
3	用剥线钳将线两端的绝缘层剥掉	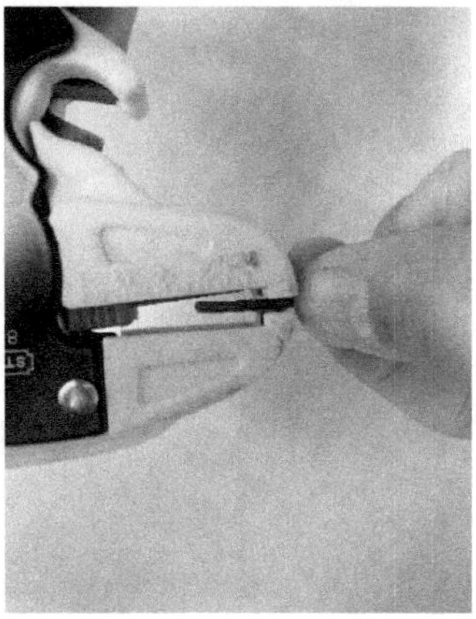 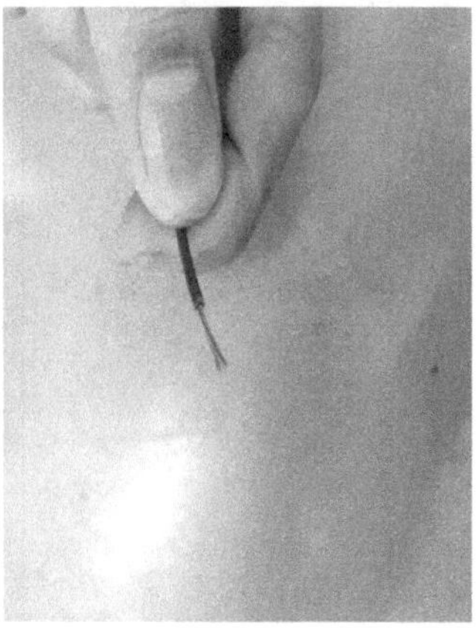

（续）

序号	步骤	安装图示
4	将剥开的线头插入叉形接线端子的线管里。注意:不能有铜丝露出来	
5	用压线钳将叉形接线端子压紧(按题目要求分别使用针形叉和 U 叉,U 叉需先套号码管)	
6	将线做好后,套上号码管	

（续）

序号	步　　骤	安装图示
7	按任务要求将线接好（输出端接 24V，输入端接 0V）	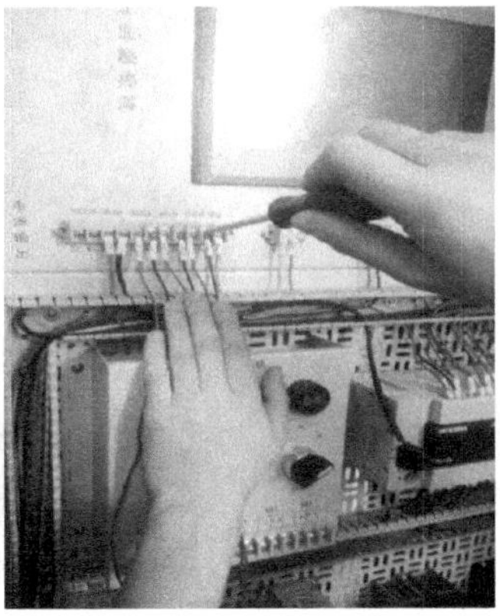 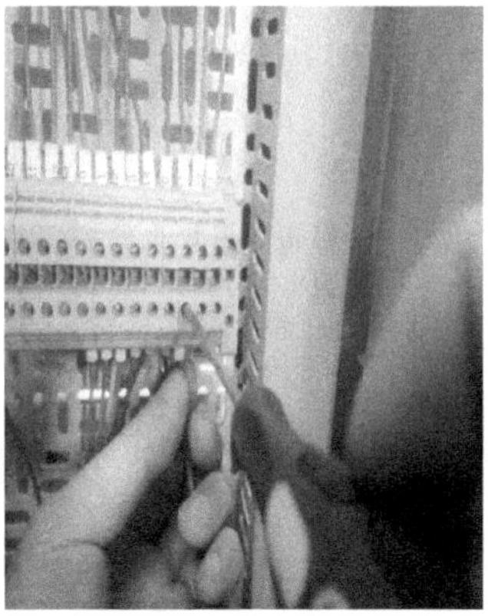
8	接好线后，将线整齐地排在线槽内，并盖上盖板	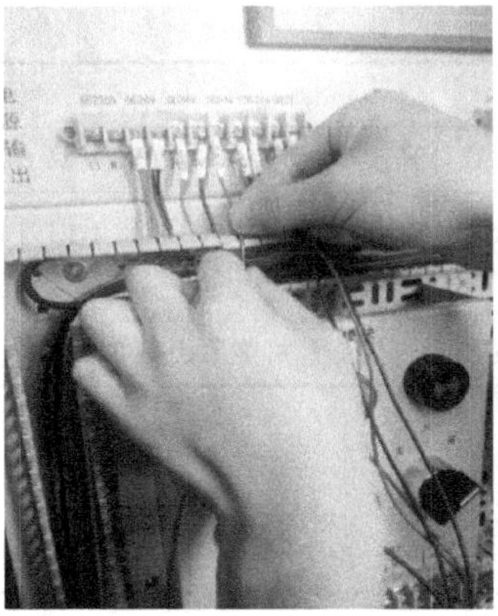 
9	用油性水笔在号码管上写上相应的标记（标记的方向与现有标记方向一致）	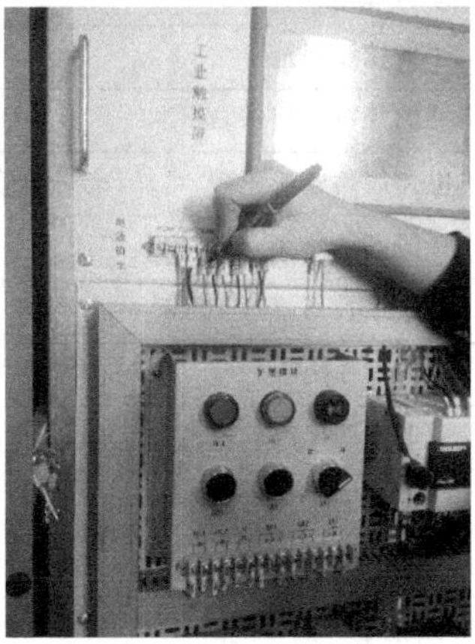

（续）

序号	步骤	安装图示
10	将拓展模块上的小盖板盖上	

四、故障分析与排除练习（表5-19）

表5-19　常见故障分析与排除

常见故障类型	举例及其产生原因分析
电路故障	PLC输出Y20时红灯亮。可能原因是Y20与Y21的信号线接反
	当SA1旋钮为关时，PLC上显示得电。可能原因是线接在了拓展模块上旋钮SA1的常闭端子上
	送电后，24V电源指示灯闪烁。可能原因是24V电路短路

五、任务评价（表5-20）

表5-20　任务评价

评价项目	评价内容	分值	个人评价	小组互评	教师评价	得分
理论知识	能快速识别电路图	10				
	了解接线规范	10				
	能够规范使用工具	5				
实训操作	电路线路连接正确、可靠，套号码管正确	10				
	接线端子处无露铜，安装牢固	10				
	多余线长不超过10cm	10				
安全文明	遵守操作规程	5				
	职业素质规范化养成	10				
	"7S"管理	5				
学习态度	考勤情况	10				
	遵守实习纪律	10				
	团队协作	5				

（续）

评价项目	评价内容	分值	个人评价	小组互评	教师评价	得分
	总得分	100				
成果分享	收获之处					
	不足之处					
	改进措施					

任务二　上料机构的功能测试

一、任务要求与分析

选择合适的装配工艺，正确完成传感器位置的调整、电路气路的连接、交流变频器参数设置及部件的功能测试（表 5-21）。

表 5-21　任务要求与分析

项目	工作内容	工作要求	自检记录
交流变频器参数设置	依据提供的"FR-D700 使用手册"，完成参数设置	1）外部/PU 组合运行模式 1 2）变频器运行加速斜坡时间为 2s；减速斜坡时间为 0s 3）电动机低速为 8Hz 4）电动机额定功率为 25W	1）：_____ 2）：_____ 3）：_____ 4）：_____

二、上料机构的电气线路与硬件分析（图 5-11、图 5-12、表 5-22）

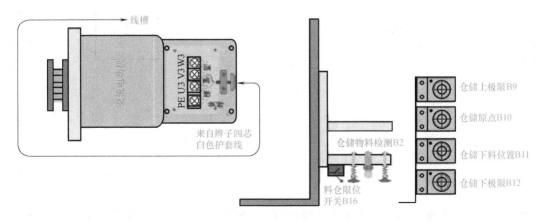

图 5-11　上料机构结构示意图

表 5-22   限位及地址

序 号	限 位	地 址
1	仓储上极限 B9	X21
2	仓储原点 B10	X22
3	仓储下料位置 B11	X23
4	仓储下极限 B12	X24
5	料仓限位开关 B16	X25
6	仓储物料检测 B2	X26

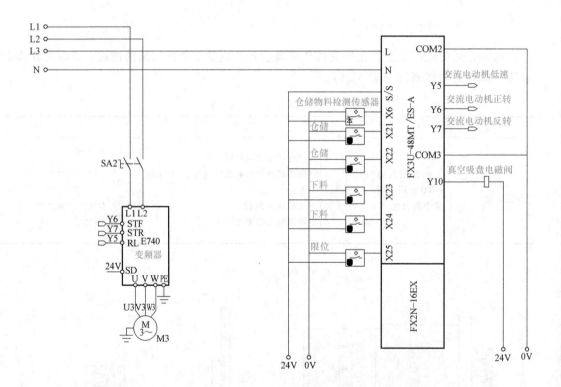

图 5-12   上料机构电气原理图

三、变频器控制回路的线路检查、参数设置及手动调试

1. 控制回路的线路检查

1）测量变频器输出侧端子 U-V-W 间的电压，相间电压平衡，电压值为 400V，误差在 8V 以内。

2）模拟将变频器的保护回路输出短路或断开，这时在程序上应有异常动作。

2. 参数设置（表 5-23）

表 5-23　参数设置

序号	步　　骤	安装图示
1	电器柜上电,交流电动机电源开关拨至开	
2	设置参数前先清空变频器内的参数:MODE→转动旋钮至 ALLC(All Clean)→按下 SET→转动旋钮将数字调为 01→按下 SET 完成设置	 
3	外部/PU 组合运行模式 1:将旋钮转至 P79→按下 SET→旋钮旋至 03→按下 SET 完成设置	 

（续）

序号	步　骤	安装图示
4	变频器运行加速斜坡时间为 2s；减速斜坡时间为 0s：将旋钮旋至 P7→按下 SET→旋钮旋至 02→按下 SET→旋钮旋至 P8→按下 SET→旋钮旋至 00→按下 SET 完成设置	
5	电动机低速 8Hz：将旋钮旋至 P6→按下 SET→将旋钮旋至 8.00Hz→按下 SET 完成设置	
6	设置完毕后，断电重启	

3. 手动调试（表 5-24）

表 5-24　手动调试

序号	步　骤	调试图示
1	电器柜上电,交流电动机电源开关拨为"开"	
2	手动检测上料机构传感器	
3	将上料机构手动调至"吸料"并移至原点位置,调整原点传感器的位置,使夹爪刚好能夹到物料	
4	将上料机构手动调至"下料"位置,调整下料位置传感器的位置,使推料气缸能将物料推入料仓	

四、编写 PLC 程序进行上料机构的自动控制功能测试

1) 开机 HL1 红灯亮，HL2 绿灯亮。

2) 在 "SA1" 旋钮为 "开" 的条件下程序运行有效。

3) 按下 "SB2" 按钮→各机构回到初始状态（真空吸盘松开，接料盘回原点）。

4) 料仓检测有物料→按下 "SB1" 按钮（HL1 红灯灭，HL2 绿灯亮）→粮仓上升至上极限（H 蜂鸣器报警 1 声）→料仓下降压下限位开关→真空吸盘吸起物料上升→上升至下料位置（H 蜂鸣器报警 2 声）→上升至原点位置（H 蜂鸣器报警 3 声）→下降至下料位置→松开物料→料仓回原点→到达原点，HL2 绿灯灭，HL1 红灯亮。

5) 按下 "急停" 按钮，HL1 红灯亮，HL2 绿灯亮，所有机构停止，再次启动需复位。

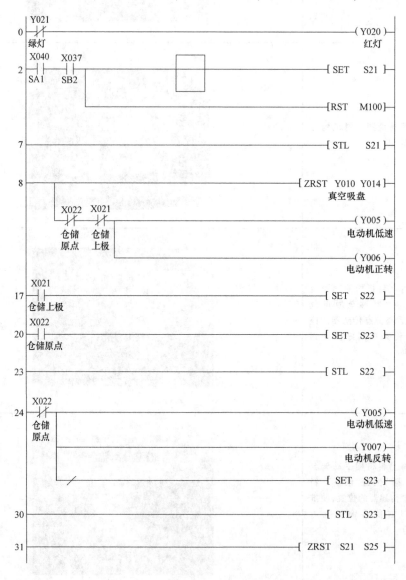

```
36                                              ─[ RET ]

     X040  X006  X036  M100
37   ─┤├──  ─┤├──  ─┤├──  ─┤/├─            ─[ SET  S100 ]
     SA1    仓储  SB1
           物料
                                          ─[ SET  M100 ]

44                                        ─[ STL  S100 ]


45                                        ─[ SET  Y021 ]
                                               绿灯
              X021
          ┌──┤/├──┐                          ─( Y005 )
          │ 仓储上极│                          电动机低速
          │        └──────────────────────  ─( Y006 )
          │                                   电动机正转
     X021
49   ─┤├──                                ─[ SET  S101 ]
     仓储上极

52                                        ─[ STL  S101 ]

53                                           ─( Y022 )
     │                                         蜂鸣器
     │                                         K10
     └───────────────────────────────────   ─( T101 )

     T101
57   ─┤├──                                ─[ SET  S102 ]

60                                        ─[ STL  S102 ]

     X025
61   ─┤/├──                                  ─( Y005 )
     仓储                                     电动机低速
     限位 │
         └────────────────────────────────  ─( Y007 )
                                              电动机反转
     X025
64   ─┤├──                                 ─[ SET  S103 ]
     仓储
     限位

67                                        ─[ STL  S103 ]

68                                        ─[ SET  Y010 ]
     │                                         真空吸盘
     │                                         K5
     └───────────────────────────────────   ─( T103 )

     T103
72   ─┤├──                                ─[ SET  S104 ]
```

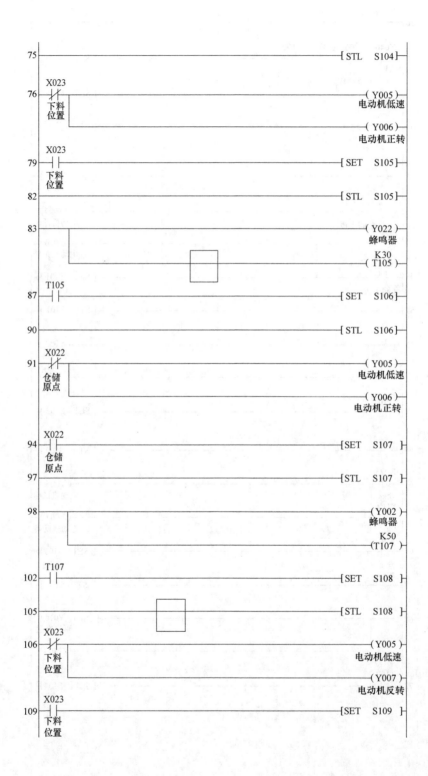

```
75 ─────────────────────────────────────────────[STL  S104]─

     X023
76 ───┤/├──────────────────────────────────────────( Y005 )─
    下料                                           电动机低速
    位置                                             ( Y006 )─
                                                  电动机正转

     X023
79 ───┤├────────────────────────────────────────[SET  S105]─
    下料
    位置

82 ─────────────────────────────────────────────[STL  S105]─

83 ────────────────────────────────────────────────( Y022 )─
                                                   蜂鸣器
                          ┌────┐                     K30
                          │    │                   ( T105 )─
                          └────┘

     T105
87 ───┤├────────────────────────────────────────[SET  S106]─

90 ─────────────────────────────────────────────[STL  S106]─

     X022
91 ───┤/├──────────────────────────────────────────( Y005 )─
    仓储                                           电动机低速
    原点                                             ( Y006 )─
                                                  电动机正转

     X022
94 ───┤├────────────────────────────────────────[SET  S107 ]─
    仓储
    原点

97 ─────────────────────────────────────────────[STL  S107 ]─

98 ────────────────────────────────────────────────( Y002 )─
                                                   蜂鸣器
                                                     K50
                                                   (T107 )─

     T107
102 ──┤├────────────────────────────────────────[SET  S108 ]─

                          ┌────┐
105 ──────────────────────│    │─────────────────[STL  S108 ]─
                          └────┘
     X023
106 ──┤/├──────────────────────────────────────────( Y005 )─
    下料                                           电动机低速
    位置                                             ( Y007 )─
                                                  电动机反转

     X023
109 ──┤├────────────────────────────────────────[SET  S109 ]─
    下料
    位置
```

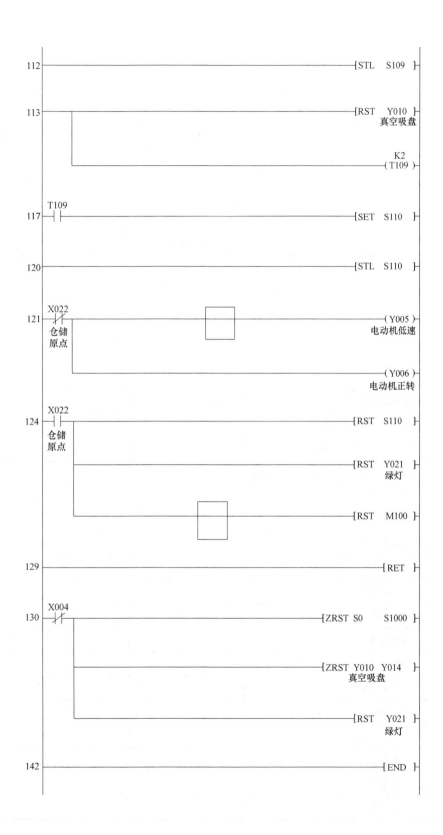

五、故障分析与排除练习（表 5-25）

表 5-25　常见故障分析与排除

常见故障类型	举例及其产生原因分析
机械故障	料仓下降后没吸到料就上升。可能是料仓吸盘还没接触到物料就已经压到限位开关
	传动带发出不正常的声音。可能是电动机底部螺钉松动
	电动机转动但料仓不动。可能是同步带轮中的键被取出
	料仓上下移动不顺畅。可能是光轴平行度不够
电路故障	PLC 输出 Y5、Y6 时料仓向下运动。可能是变频器上 Y6、Y7 接反了
	PLC 有输出信号，电动机不转。可能是线路松动

六、任务评价（表 5-26）

表 5-26　任务评价

评价项目	评价内容	分值	个人评价	小组互评	教师评价	得分
理论知识	理解变频器参数含义	10				
	了解变频器操作规范	5				
实训操作	外部/PU 组合运行模式 1	10				
	变频器运行加速斜坡时间为 2s；减速斜坡时间为 0s	10				
	电动机的额定功率是 25W	10				
	电动机额定电压是 220V	10				
	仅在停止时可写入参数	5				
安全文明	遵守操作规程	5				
	职业素质规范化养成	10				
	"7S"管理	5				
学习态度	考勤情况	5				
	遵守实习纪律	10				
	团队协作	5				
总得分		100				
成果分享	收获之处					
	不足之处					
	改进措施					

任务三 自动冲压和转塔机构的功能测试

一、任务要求与分析（表 5-27）

表 5-27 任务要求

项目	工作内容	工作要求	自检记录
步进驱动器参数设置	依据现场提供的"2M542步进驱动器使用手册"，完成参数设置	1）驱动器输出的 RMS 电流为 1.36A 2）步进电动机静止时,驱动器为半流工作模式 3）电动机运行一圈需 8000 个脉冲（单指电动机）	1）：_____ 2）：_____ 3）：_____

1）2M542 步进驱动器采用八位拨码开关设定细分精度、动态电流和半流/全流，如图 5-8 所示。可通过 SW4 设置步进电动机为半流工作方式。

2）SW1~SW3 三位拨码开关用于设定步进电动机运行时的电流，可以按照表 5-28 的方式设置驱动器输出的 RMS 电流为 1.36A。

表 5-28 步进电动机运行电流设定表

峰值电流	平均值	SW1	SW2	SW3
1.91A	1.36A	on	off	on

3）SW5~SW8 三位拨码开关用于设定步进电动机细分精度，可以按照表 5-29 的方式设置，步进电动机运行一圈需 8000 个脉冲（单指电动机）。

表 5-29 步进电动机细分设定表

细分倍数	步数/圈(1.8°/整步)	SW5	SW6	SW7	SW8
40	8000	on	on	off	off

二、自动冲压和转塔机构的电气线路与硬件分析（图 5-13、图 5-14、表 5-30）

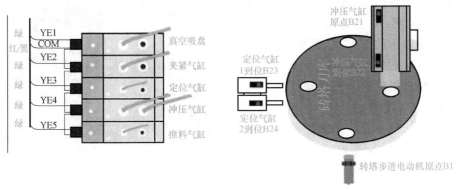

图 5-13 转塔及冲压机构结构示意图

表 5-30　执行机构及限位地址

序号	执行机构	地址	序号	限　位	地址
1	真空吸盘 YE1	Y10	1	定位气缸 1 到位 B23	X30
2	夹紧气缸 YE2	Y11	2	定位气缸 2 到位 B24	X31
3	定位气缸 YE3	Y12	3	冲压气缸原点 B21	X32
4	冲压气缸 YE4	Y13	4	冲压气缸到位 B22	X33
5	推料气缸 YE5	Y14	5	转塔步进电动机原点 B1	X5

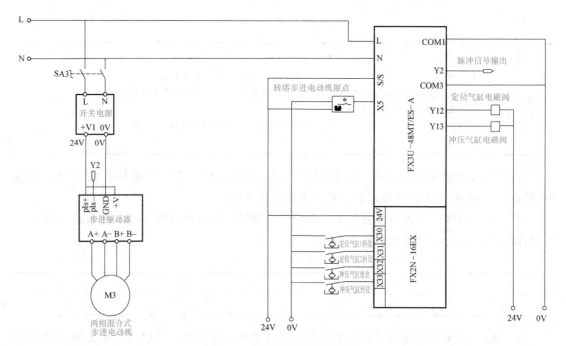

图 5-14　转塔机构电气原理图

三、步进电动机控制回路的线路检查、参数设置及手动调试

（1）控制回路的线路检查

1）检查步进驱动器上 4 的接线是否有松动或损坏。

2）检查步进驱动器电源线电压是否稳定。

（2）参数设置

1）驱动器输出的 RMS 电流为 1.36A：将拨码 1、3 拨为 on，将拨码 2 拨为 off。

2）步进电动机静止时，驱动器为半流工作模式：将拨码 4 拨为 off。

3）电动机运行一圈需 8000 个脉冲（单指电动机）：将拨码 5、6 拨为 on，将拨码 7、8 拨为 off。

如图 5-15 所示。

图 5-15　步进电动机控制器

项目五　设备模块功能调试

（3）手动调试

1）将转塔的 1 号工位转动至冲压位置，并将定位气缸伸出。

2）将转塔原点传感器由内向外移动，在传感器检测到原点的时候固定传感器，调试完成，松开定位气缸。

四、编写 PLC 程序进行自动冲压和转塔机构的自动控制功能测试

1）开机 HL1 红灯亮，HL2 绿灯灭。

2）在"SA1"旋钮为"开"的条件下启动有效。

3）按下"SB2"按钮→各执行机构回到初始状态（定位气缸缩回、模盘回原点）。

4）按下"SB1"按钮→HL1 红灯灭，HL2 绿灯亮→模盘顺时针方向（从上向下看）旋转 90°→上下模盘定位气缸伸出→定位到位→延迟 2s→蜂鸣器报警 1 声→定位气缸缩回，完成 2 号工位的动作；重复上述动作，一次完成 3 号、4 号、1 号工位的动作；动作完成 HL1 红灯亮，HL2 绿灯灭。

5）按下"急停"按钮，HL1 红灯亮，HL2 绿灯灭，所有执行机构停止，再次启动需复位。

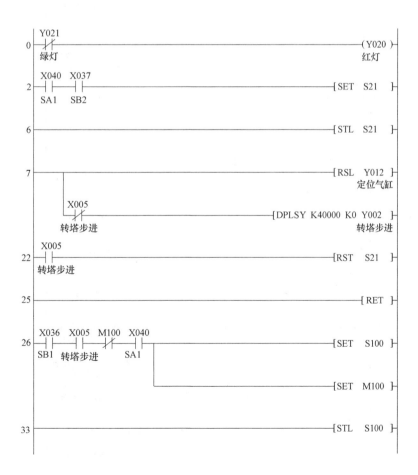

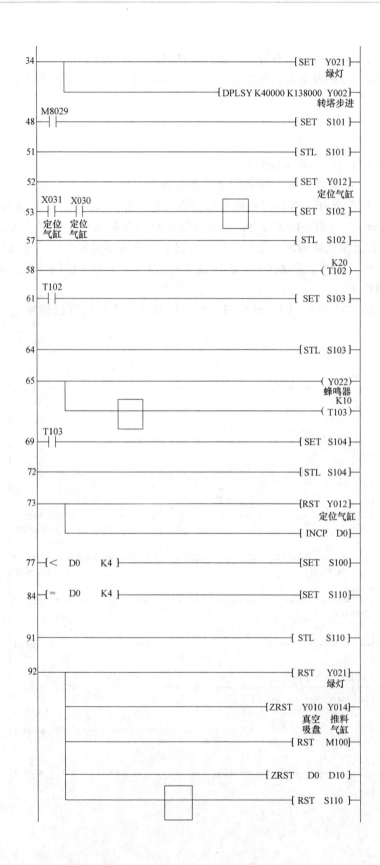

34 ───────────────────────────────────────[SET   Y021]
                                                     绿灯
   └────────────────────────[DPLSY K40000 K138000 Y002]
                                                   转塔步进
   M8029
48 ─┤├───────────────────────────────────────[SET   S101]

51 ──[STL   S101]

52 ──[SET   Y012]
                                                   定位气缸
   X031 X030
53 ─┤├──┤├─────────────────────────────────[SET   S102]
   定位 定位
   气缸 气缸
57 ──[STL   S102]

58 ──K20
                                               (T102)
   T102
61 ─┤├───────────────────────────────────────[SET   S103]

64 ──[STL   S103]

65 ──(Y022)
                                                蜂鸣器
                                                 K10
   └───(T103)
   T103
69 ─┤├───────────────────────────────────────[SET   S104]

72 ──[STL   S104]

73 ──[RST   Y012]
                                                   定位气缸
   └──[INCP D0]

77 ─[<   D0   K4]─────────────────────────[SET   S100]

84 ─[=   D0   K4]─────────────────────────[SET   S110]

91 ──[STL   S110]

92 ──[RST   Y021]
                                                   绿灯
   ├─────────────────────────────────────[ZRST Y010 Y014]
                                               真空   推料
                                               吸盘   气缸
   ├──────────────────────────────────────[RST   M100]

   ├──────────────────────────────────────[ZRST D0 D10]

   └──────────────────────────────────────[RST   S110]

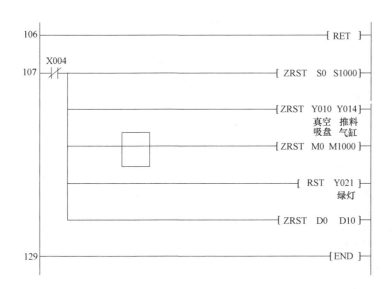

五、故障分析与排除练习（表5-31）

表5-31　常见故障类型与分析

常见故障类型	举例及其产生原因分析
机械故障	两链条安装不上。可能是链轮错齿,需将链轮轴最低端链轮挡圈上的螺钉拧松,安装好两链条后,再将螺钉拧紧
	模盘转不动。可能是联轴器松了,落料口间隙太小或链条太紧
	定位气缸不伸出。可能是节流阀被拧死
	下模盘错位。可能是链条太紧或链轮轴最低端锁紧螺母上的螺钉被松开或链轮轴中的键被取下
电路故障	运动方向不对。可能是A+、A-、B+、B-线接反
	PLC有信号输出,电动机不转,可能是线路松动

六、任务评价（表5-32）

表5-32　任务评价

评价项目	评价内容	分值	个人评价	小组互评	教师评价	得分
理论知识	理解8位拨码器含义	10				
	了解步进电动机操作规范	5				
实训操作	驱动器输出的RMS电流为1.36A	10				
	步进电动机静止时,驱动器为半流工作模式	10				
	电动机运行一圈需8000个脉冲(单指电动机)	10				

（续）

评价项目	评价内容	分值	个人评价	小组互评	教师评价	得分
安全文明	遵守操作规程	10				
	职业素质规范化养成	10				
	"7S"管理	10				
学习态度	考勤情况	10				
	遵守实习纪律	10				
	团队协作	5				
	总得分	100				
成果分享	收获之处					
	不足之处					
	改进措施					

任务四　二维工作台的功能测试

一、任务要求与分析（表 5-33）

表 5-33　任务要求

项目	工作内容	工作要求	自检记录
伺服驱动器参数设置	依据提供的"东元伺服手册"，完成参数设置	1)控制模式为外部位置控制模式 2)驱动器上电马上励磁,忽略 CCW 和 CW 驱动禁止功能 3)电子齿轮比设为 2∶1 4)X 轴电动机逆时针(电动机轴侧)方向旋转,Y 轴电动机顺时针(电动机轴侧)方向旋转	1):_____ 2):_____ 3):_____ 4):_____

二、二维工作台的电气线路与硬件分析（图 5-16、图 5-17、表 5-34）

表 5-34　限位地址

序号	限位	地址
1	X 轴左极限 B3	X7

（续）

序号	限　位	地址
2	X 轴右极限 B4	X10
3	X 轴原点 B5	X11
4	Y 轴左极限 B6	X12
5	Y 轴右极限 B7	X13
6	Y 轴原点 B8	X14
7	夹料检测传感器 B17	X26
8	夹爪夹紧到位 B18	X27
9	推料气缸 1 到位 B19	X34
10	推料气缸 2 到位 B20	X35

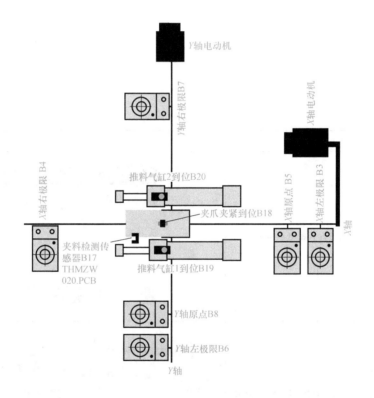

图 5-16　二维工作台机构结构示意图

三、伺服电动机控制回路的线路检查、参数设置及手动调试

（1）控制回路的线路检查

1）检查伺服电动机上的接线是否有松动或损坏。

2）检查伺服电动机电源线电压是否稳定。

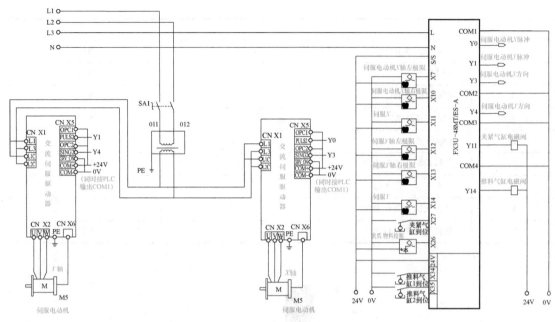

图 5-17　二维工作台机构电气原理图

（2）参数设置（表 5-35）

表 5-35　参数设置

序号	步　　骤	调试图示
1	电器柜上电,打开伺服电动机电源	
2	清空伺服电动机参数;多次按 MODE 按钮,调至 Cn001;使用上下按钮将数值调至 Cn029;然后按住 ENTER 键至显示界面跳转为 00000,使用上下键将数值调为 00001,按住 ENTER 键至跳出 ser 后,伺服电动机断电	

（续）

序号	步　骤	调 试 图 示
3	控制模式为外部位置控制模式：Cn001＝H0002 　　*X* 轴电动机逆时针（电动机轴侧）方向旋转，*Y* 轴电动机顺时针（电动机轴侧）方向旋转。 　　*X* 轴：Pn314＝1 　　*Y* 轴：Pn314＝0	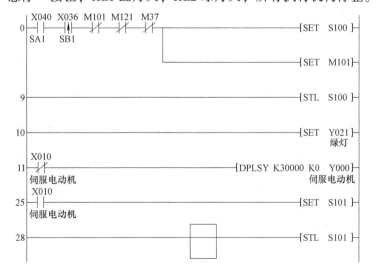

四、编写 PLC 程序进行二维工作台的自动控制功能测试

1）在"SA1"旋钮为"开"的条件下启动有效，且具有相应的极限保护功能。

2）按下"SB1"按钮→HL2 绿灯亮→夹钳向 *Y* 轴负方向（靠近仓库）移动→达到右极限，电动机停止→*Y* 轴超程，H 蜂鸣器报警→HL2 绿灯灭，HL1 红灯亮；解除超程需在"SA1"旋钮为"关"的条件下，同时按下"SB1""SB2"按钮→夹钳向 *Y* 轴正方向移动（点动）→超程解除，报警解除，HL1 红灯灭。

3）按下"SB2"按钮→HL2 绿灯亮→夹钳向 *Y* 轴正方向（远离仓库）移动→达到左极限，电动机停止→*Y* 轴超程，H 蜂鸣器报警→HL2 绿灯灭，HL1 红灯亮；解除超程需在"SA1"旋钮为"关"的条件下，同时按下"SB1""SB2"按钮→夹钳向 *Y* 轴正方向移动（点动）→超程解除，报警解除，HL1 红灯灭。

4）按下"急停"按钮，HL1 红灯灭，HL2 绿灯灭，所有执行机构停止。

```
         X040  X036  M101  M121  M37
    0 ├──┤ ├──┤↓├──┤/├──┤/├──┤/├─────────────────────[SET   S100]
         SA1   SB1
                                                     [SET   M101]

    9 ├──────────────────────────────────────────────[STL   S100]

   10 ├──────────────────────────────────────────────[SET   Y021]
                                                             绿灯
         X010
   11 ├──┤/├──────────────────────────[DPLSY K30000 K0  Y000]
       伺服电动机                                      伺服电动机
         X010
   25 ├──┤ ├─────────────────────────────────────────[SET   S101]
       伺服电动机
   28 ├──────────────────[  ]──────────────────────────[STL   S101]
```

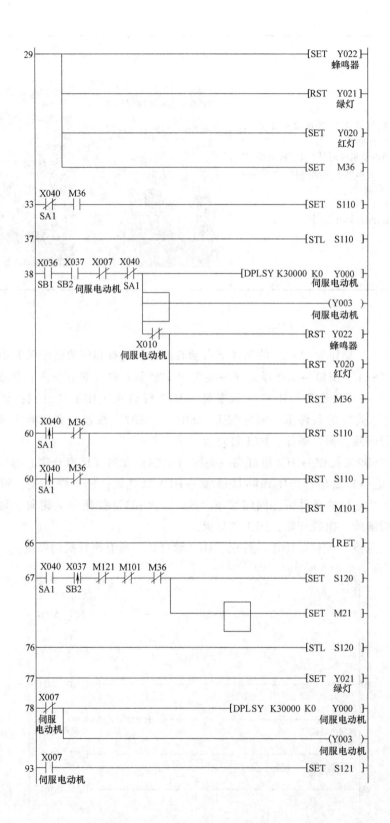

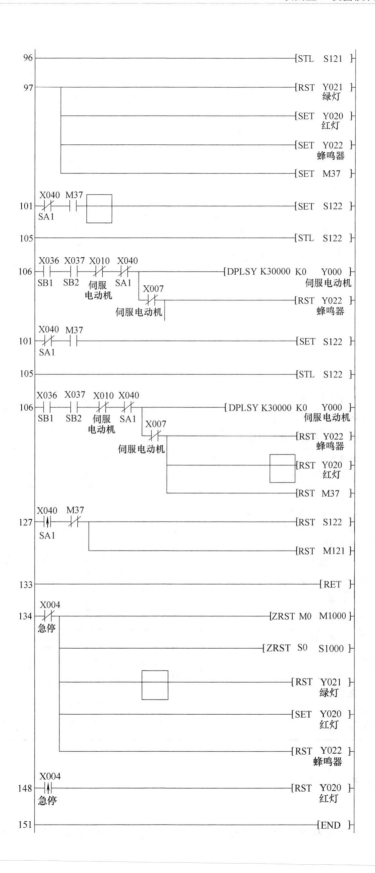

五、故障分析与排除练习（表 5-36）

表 5-36　常见故障类型及分析

常见故障类型	举例及其产生原因分析
机械故障	导轨平行度打不出来。可能是底板与导轨接触面有毛刺
	轴承座侧素线打不出来。可能是轴承座不配对
	中滑板垂直度调不出来，可能是导轨平行度有问题，或是 4 个等高块高度误差太大，或拧螺钉时用力不均匀
电路故障	X、Y 轴运动时出现抖动，可能是伺服电动机惯量比参数设置有问题
	AL_05 报警。可能是编码器没接好
	X、Y 轴无动作且伺服显示一闪一闪。可能是三相线或者地线没接好

六、任务评价（表 5-37）

表 5-37　任务评价

评价项目	评价内容	分值	个人评价	小组互评	教师评价	得分
理论知识	理解伺服控制器参数含义	10				
	了解伺服电动机操作规范	5				
实训操作	控制模式为外部位置控制模式	10				
	驱动器上电马上励磁，忽略 CCW 和 CW 驱动禁止机能	10				
	电子齿轮比设为 2：1	10				
	X 轴电动机逆时针方向（电动机轴侧）旋转，Y 轴电动机顺时针方向（电动机轴侧）旋转	10				
安全文明	遵守操作规程	5				
	职业素质规范化养成	10				
	"7S"管理	5				
学习态度	考勤情况	10				
	遵守实习纪律	10				
	团队协作	5				
	总得分	100				
成果分享	收获之处					
	不足之处					
	改进措施					

项目评价与小结

1. 项目主要技术指标与检测技术及总体评价

通过对设备电气部分的功能调试的任务实施，可以让学生分组进行，有条件的可以两人为一组进行考核。可以根据学生的装配熟练程度设定考核时间，并检查各电路元件是否完好，如有缺损，事先补齐。考核时需计时。

理论知识主要通过学生作业的形式进行个人评价、小组互评和教师评价。实践操作则通过项目任务，根据各学生的完成情况，包括程序的编写、参数的设定、触摸屏的制作、7S执行情况等进行评价（表5-38）。

表 5-38　项目评价

评价项目	评价内容	分值	个人评价	小组互评	教师评价	得分
理论知识	了解设备基本参数	5				
	掌握参数设置方法	5				
实践操作	驱动器输出的 RMS 电流为 1.36A	5				
	步进电动机静止时,驱动器为半流	5				
	电动机运行一圈需 8000 个脉冲(单指电动机)	5				
	外部/PU 组合运行模式 1	5				
	变频器运行加速斜坡时间为 2s;减速斜坡时间为 0s	5				
	电动机低速 8Hz	5				
	控制模式为外部位置控制模式	5				
	驱动器上电马上励磁,忽略 CCW 和 CW 驱动禁止机能	5				
	电子齿轮比设为 2：1	5				
	X 轴电动机逆时针方向(电动机侧)旋转,Y 轴电动机顺时针方向(电动机轴侧)旋转	10				
安全文明	遵守操作规程	5				
	职业素质规范化养成	5				
	"7S"管理	5				
学习态度	考勤情况	5				
	遵守实习纪律	5				
	团队协作	10				
总得分		100				
成果分享	收获之处					
	不足之处					
	改进措施					

2. 项目成果小结

本项目主要讲解了电气线路的连接、三大结构子程序的编写及调试和故障分析及排除方法。基于学生学情及实际教学情况，把该项目的学习重点设定为子程序的编写及调试；学习难点为故障的分析及排除。通过本项目的学习，学生应具备一定的编程及排除故障能力，为后续产品程序的完善及调试做好铺垫。

> **拓展练习**

1）根据控制需要，完成电气线路连接，并编写仓储机构检测程序，动作要求如下：

① 按下复位按钮，运行至原点，同时蜂鸣器响 3s。

② 吸盘功能检测：有物料时，按下 SB2，仓储向下运行并进行吸料，然后回到上极限。

③ 传感器检测：这时再按下 SB2，电动机向下运行至原点，停顿 1s→电动机向下运行至推料限位，下降过程中，只要碰到下极限限位，电动机就立刻运行至原点。

2）请编写转塔机构检测程序并完成调试，动作要求如下：

① 按下复位按钮，转塔回原点。

② 在原点时，按下 SB1→定位气缸伸出，停顿 1s→定位气缸缩回，停顿 1s→转塔转 90°，停顿 1s→定位气缸伸出，停顿 1s→定位气缸缩回，停顿 1s→转塔再转 90°，停顿 1s，以上述动作移至原点（检验 4 个位置能否定位自如）。

3）根据下面的流程图（图 5-18），写出 I/O 分配表，并编写梯形图进行调试运行。

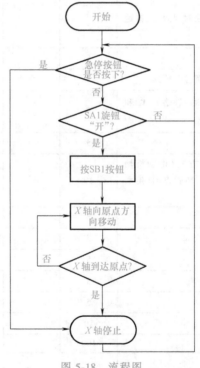

图 5-18　流程图

项目六

设备整机功能调试与完善

项目概述

THMDZW-2 型通用机电设备装调与维护实训装置的整机功能调试与完善过程，可以检验机械部分整体装配的完整性，从而保证产品在加工过程中具有高安全系数、质量稳定、高生产效率、高自动化程度以及可以减轻工人的体力劳动强度等特点，以满足现代制造业对设备的需求。

项目目标

1. 知识目标
1) 能够理解和分析出厂程序。
2) 熟悉 MCGS 组态软件的使用方法。
3) 分析得出优化方案。

2. 能力目标
1) 能够制作触摸屏，实现信息化管理功能。
2) 能够进行出厂程序的空载运行及产品加工。
3) 能够根据任务要求优化程序并调试成功。

项目分析与工作任务划分

1) 能够读懂设备电器原理图和出厂程序。通过原理图，了解机构的运动原理及电气线路的连接（表 6-1），通过出厂程序了解机械运动的过程。
2) 理解题目中的要求
① 掌握 PLC 程序及触摸屏程序的下载方法。
② 能够正确使用出厂程序使机械运动。
③ 掌握触摸屏的操作方法。
④ 掌握优化程序的方法。

表 6-1　项目分析

序号	项目	内容	工具
1	出厂程序空载运行及产品加工	空载运行	螺钉旋具、计算机
		模具调整	
		产品加工	

(续)

序号	项目	内　容	工　具
2	信息化管理功能	开机界面	螺钉旋具、计算机
		订单号界面	
		产品参数设置界面	
		运行参数设置界面	
		加工监控界面	
3	产品优化	产品形状变化	
		路径优化	
		调试	
		产品加工	

设备简介

设备整机调试是按照先空载再带载，再从出厂程序到优化程序这样的顺序进行的。这样层层递进式的调试有利于设备安全、稳定地运行，符合实际生产的调试要求。信息化管理功能的融入，在实际生产中大大降低了人力成本，提高了生产效率。

知识链接

一、原程序内相关指令介绍

1. SFTL 左移指令介绍

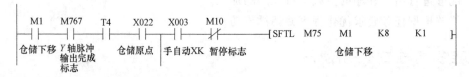

M75：指令执行时移入移位寄存器的状态位；

M1：移位寄存器的起始地址；

K8：移位寄存器的长度；

K1：指令每次执行移动的位数。

指令功能：指令每导通一次，执行一次移位。

2. 置位与复位指令 SET、RST

SET 为置位指令，使动作保持；RST 为复位指令，使操作保持复位。SET 指令的操作目标元件为 Y、M、S，RST 指令的操作目标元件为 Y、M、S、D、V、Z、T、C。这两条指令是 1~3 个程序步。用 RST 指令可以对定时器、计数器、数据寄存器、变址寄存器的内容清零。

3. 脉冲输出指令 PLS、PLF

PLS 指令在输入信号上升沿产生脉冲输出，而 PLF 在输入信号下降沿产生脉冲输出，这两条指令都是 2 程序步，它们的目标元件都是 Y 和 M，但特殊辅助继电器不能作为目标元件。使用 PLS 指令，元件 Y、M 仅在驱动输入接通后的一个扫描周期内动作（置 1）；而使用 PLF 指令，元件 Y、M 仅在驱动输入断开后的一个扫描周期内动作。

使用这两条指令时，要特别注意目标元件。例如，在驱动输入接通时，PLC 由运行到停机到运行，此时 PLS M0 动作，但 PLS M600（断电时，电池后备的辅助继电器）不动作。这是因为 M600 是特殊的保持继电器，即使在断电停机时其动作也能保持。

二、触摸屏模块的功能与使用

1. 功能描述

人机界面（HMI）采用昆仑通态 TPC1061Ti 触摸屏，该屏是一套以先进的 Cortex-A8 CPU 为核心（主频 600MHz）的高性能嵌入式一体化触摸屏。设计采用了 10.2in 高亮度 TFT 液晶显示屏（分辨率 1024×600），四线电阻式触摸屏（分辨率 4096×4096），同时还预装了 MCGS 嵌入式组态软件（运行版），具备强大的图像显示和数据处理功能。用户可以自由组合文字、按钮、图形、数字等来处理、监控、管理随时可能变化的信息，这一多功能显示屏是操作人员和机器设备之间双向沟通的桥梁。

2. 注意事项

1) 请确保在 TPC1061Ti 设备外部为所有连接电缆预留足够的空间。

2) 连接电源：仅限 DC24V，切勿接反。

3) TPC 产品内部电路板电池为 CR2032 3V 锂电池。

3. HMI 面板说明（图 6-1）

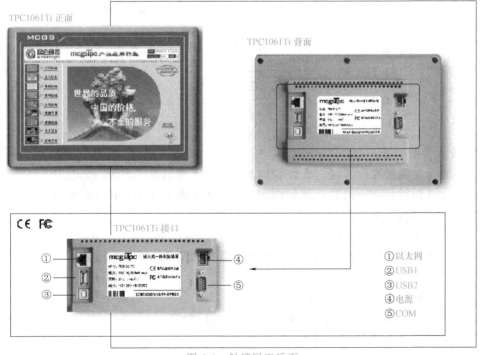

图 6-1　触摸屏正反面

4. 连接组态 PC

组态 PC 能够提供下列功能（图 6-2）：

1）传送项目。

2）传送设备映像。

3）将 HMI 设备恢复至出厂默认设置。

5. 将组态 PC 与 GCGS 触摸屏连接

1）关闭 HMI 设备电源。

2）将网线一端与 HMI 设备的 LAN 口连接（控制柜右下侧）。

3）将网线另一端与组态 PC 连接。

6. 连接 HMI 设备

1）串口引脚定义（表 6-2）。

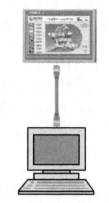
图 6-2　触摸屏计算机通信

表 6-2　串口引脚定义

串口引脚	接口	PIN	引脚定义
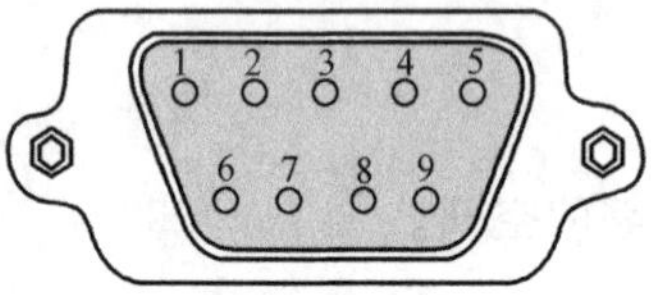	COM1	2	RS232RXD
		3	RS232TXD
		5	GND
	COM2	7	RS485+
		8	RS485−

2）串口设置：终端电阻。

COM2 终端匹配电阻跳线设置说明（图 6-3）：

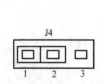

跳线设置	终端匹配电阻
	无
	有

图 6-3　跳线设置

跳线设置说明如下：

① 将 1、2 位跳接在一起时，表示 COM2 口 RS485 通信方式为无匹配电阻。

② 将 2、3 位跳接在一起时，表示 COM2 口 RS485 通信方式为有匹配电阻。

跳线设置步骤如下：

步骤 1：关闭电源，取下产品后盖；

步骤 2：根据所需使用的 RS485 终端匹配电阻需求设置跳线开关；

步骤 3：盖上后盖；

步骤 4：开机后相应的设置生效。

默认设置：无匹配电阻模式。只有在 RS485 通信距离大于 20m，且出现通信干扰现象时，才考虑对终端匹配电阻进行设置。

TPC 与 PLC 连接如图 6-4 所示。

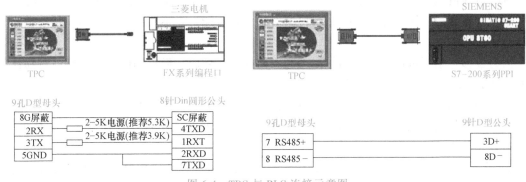

图 6-4　TPC 与 PLC 连接示意图

7. 触摸屏校准

TPC 开机启动后屏幕出现"正在启动"提示进度条，此时使用触摸笔或手指轻点屏幕任意位置，进入启动设置界面。等待 30s，系统将自动进入运行触摸屏校准程序。进入校准界面后，使用触摸笔或手指轻按十字光标中心不放，当光标移动至下一点后抬起。重复该动作，直至提示"新的校准设置已设定"，轻点屏幕任意位置退出校准程序。

三、电气控制模块的功能描述

（1）接近开关　接近开关是一种用于工业自动化控制系统中的新型开关元件，可实现检测、控制并与输出环节全盘无触点化。当开关接近某一物体时，即发出控制信号。

接近开关又称无触点行程开关，除可以完成行程控制和限位保护外，它还是一种非接触型的检测装置。它可用于检测零件尺寸和测速等，也可用于变频计数器、变频脉冲发生器、液面控制和加工程序的自动衔接等。其特点有工作可靠、寿命长、功耗低、复定位精度高、操作频率高以及可适应恶劣的工作环境等。

在各类传感元件中，有一种对接近它的物件有"感知"能力的元件——位移传感器（图 6-5）。利用位移传感器对接近物体的敏感特性达到控制开关通或断的目的，这就是接近开关的原理。

LE4-1K

GKB-M0524NA

图 6-5　传感器实物图

当有物体移向接近开关，并接近到一定距离时，位移传感器产生"感知"，开关才会动作。通常把这个距离叫检出距离。不同接近开关的检出距离也不同。

有时被检测物体按一定的时间间隔，一个接一个地移向接近开关，又一个一个地离开，这样不断地重复。不同的接近开关，对检测对象的响应能力是不同的。这种响应特性被称为响应频率。

因为位移传感器可以根据不同的原理和不同的方法做成，而不同的位移传感器对物体的"感知"方法也不同，所以常见的接近开关有以下几种：

1）无源接近开关。这种开关不需要电源，通过磁力感应控制开关的闭合状态。当磁或者铁质触发器靠近开关磁场时，和开关内部磁力作用控制开关闭合。其特点是不需要电源、非接触式、免维护、环保。

2）涡流式接近开关。这种开关也叫电感式接近开关。它利用导电物体在接近这个能产生电磁场的接近开关时，在物体内部产生涡流，涡流反作用到接近开关，使开关内部电路参数发生变化，由此识别出有无导电物体移近，进而控制开关的通或断。这种接近开关所能检测的物体必须是导体。

3）电容式接近开关。这种开关的测量头通常是构成电容器的一个极板，而另一个极板是开关的外壳。这个外壳在测量过程中通常是接地或与设备的机壳相连接的。当有物体移向接近开关时，不论它是否为导体，由于它的接近，总要使电容的介电常数发生变化，从而使电容量发生变化，使得和测量头相连的电路状态也发生变化，由此便可控制开关的接通或断开。这种接近开关检测的对象不限于导体，可以是绝缘的液体或粉状物等。

4）霍尔接近开关。霍尔元件是一种磁敏元件。利用霍尔元件做成的开关，称为霍尔开关。当磁性物件移近霍尔开关时，开关检测面上的霍尔元件因产生霍尔效应而使开关内部电路状态发生变化，由此识别出附近有磁性物体存在，进而控制开关的通或断。这种接近开关的检测对象必须是磁性物体。

5）光电式接近开关。利用光电效应做成的开关叫光电开关。将发光器件与光电器件按一定方向装在同一个检测头内，当有反光面（被检测物体）接近时，光电器件接收到反射光后便输出信号，由此便可"感知"有物体接近。

6）热释电式接近开关。用能感知温度变化的元件做成的开关叫热释电式接近开关。这种开关是将热释电元件安装在开关的检测面上，当有与环境温度不同的物体接近时，热释电元件的输出便变化，由此便可检测出有物体接近。

本实训装置采用霍尔接近开关，传感器引线有电源、GND 和信号三根线，接线图如图 6-6 所示。

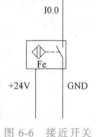

图 6-6　接近开关接线方法

（2）槽型光电开关　槽型光电开关也称对射式光电开关，也是以光为媒体，以发光体与受光体间的光路遮挡或反射光的光亮变化为信号，检测物体的位置有无的装置。槽型光电开关是由一个红外线发射管与一个红外线接收管组合而成的。它与接近开关同样是无接触式的，受检测体的制约少，且检测距离长，应用广泛。

本装置采用的槽型光电开关如图 6-7 所示。

（3）透明继电器

1）透明继电器的结构如图 6-8 所示。

2）继电器线圈示意如图 6-9 所示。

图 6-7 槽型光电开关

图 6-8 透明继电器

图 6-9 继电器线圈

继电器线圈端子得电后继电器就吸合，原来为常开的触点就闭合，常闭触点就断开（图 6-10）。

当继电器线圈得电时，继电器吸合，1 脚和 9 脚由原来的常闭状态转换为断开状态，5 脚和 9 脚由原来的常开状态转换为闭合状态。

（4）其他元器件

本实训装置中还用到交流接触器（图 6-11）和熔断器（图 6-12）等元件。

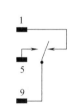

图 6-10 常闭常开端子

图 6-11 交流接触器

图 6-12 熔断器

四、选模原则

根据查表法选择冲裁间隙（表 6-3），根据冲裁间隙选择合适的冲头，已知凹模的规格是 $\phi 4$mm，公差为 $0.02 \sim 0.04$mm。

表 6-3 查表选择冲裁间隙　　　　　　　　　　　　　（单位：mm）

冲裁模刃口初始值间隙		
材料名称	铝板 6063	
厚　　度	初始间隙	
	z_{min}	z_{max}
0.1~0.3	0.01	0.03
0.3~0.6	0.02	0.035
0.8	0.045	0.075
0.9~1.0	0.065	0.095
1.2	0.075	0.105

$$z_{min} = ct$$

式中 z_{min}——最小冲裁间隙（mm）；

  c——系数（当 $t<1mm$ 时，$c=3\%\sim10\%$；当 $1\leqslant t\leqslant 3mm$ 时，$c=6\%\sim12\%$；当 $t>3mm$ 时，$c=15\%\sim25\%$。材料软时，取小值，材料硬时，取大值，目的是减小冲裁力）；

  t——板料厚度（mm）。

任务一 设备整机功能调试与产品加工

一、任务要求与分析

开始本工作任务前，必须完成二维送料部件、转塔部件和自动上下料机构的单独整体测试，方可进行设备联机总调试。未进行单独整体测试的必须在裁判的监督下手动检测各个部件的功能，否则不允许进行本工作任务。

步骤1：取下凸模，根据通用机电设备的工作原理及电气控制要求，将赛场计算机内提供的整机调试 PLC 源程序下载到 PLC 中进行联机调试，保证设备能正常运转 3min 以上。

步骤2：装上凸模，联机运行进行产品加工，能够连续加工三件以上的产品。

二、设备整机功能调试与产品加工的准备工作及调试顺序

1. 准备工作

检查电器柜的线路，从电源箱开始，检查到最底部的接线端子，将板料准备到位，将赛场提供的联调程序下载至 PLC 中。

为防止意外事故的发生及避免设备受到意外损坏，操作者必须遵守下面的安全规则，才可能有效避免事故。（以下说明中涉及的警告信息及可能发生的故障仅包括那些可以预知的情况，并不包括所有可能发生的情况。）

1）实训工作台应放置平稳，平时应注意清洁。长时间不用时，机械装调对象应加涂防锈油。

2）在伺服驱动器断电后，必须等待伺服驱动器显示闪烁结束，彻底断电后才可以再次上电运行，否则伺服驱动器会报警，导致设备不能正常工作。

3）在通电情况下，严禁带电插拔设备上任何接线端子和排线，以免造成设备损坏。

4）在设备通电前，必须先确认设备周围人员没有其他操作行为，并通知设备周边人员设备即将通电，以免造成意外事故。

5）设备通电后，必须确认各操作旋钮处于工作要求模式下，才可以开始进行运行操作。

6）若设备运行时发生故障，应该立即停止正在进行的不安全动作，检查设备并排除故障后，才可以继续上电运行。对不能及时排除的故障，必须请相关工程技术人员进行维修，以免造成设备的损坏或其他不可预测的事件发生。

7）加工过程中需要清理废料时，应先使加工停止，然后用刷子进行清理，严禁在加工过程中动手清理。

8）加工停止后，必须在依次停止设备各模块电源，关闭设备电源总开关并取下钥匙后，才可拆卸模具、取下工件。

9）工作过程中，严禁触摸或接近设备运动部件。

10）使用面板上的开关和按钮时，应确认操作意图及按键位置，防止误操作。

11）出现故障时，应及时按下控制柜面板上的"急停"按钮，使设备立即停止工作。

12）实训时长头发学生需戴防护帽，不准将长发露出帽外。除专项规定外，不准穿裙子、高跟鞋、拖鞋、风衣、长大衣等。

13）运行调试设备时，不准戴手套、长围巾等，其他佩戴饰物不得悬露。

14）实训完毕后，及时关闭各电源开关，整理好实训器件并放到规定位置。

2．调试顺序

设备上电后用内六角扳手检测工作台面上传感器是否正常，是否在对应的位置。将二维工作台运行至取料位置，调整吸盘爪料的高度以及推料的高度。调整各气缸节流阀的开口大小。

3．根据原程序动作顺序进行调试

运行流程如下：

1）开机通电后，自动上下料机构、自动冲压机构、转塔刀库、二维送料机构（十字滑台）依次进行回原点动作。光电开关检测到物料后自动上下料机构开始吸取物料，然后回到原点位置，最终将 170mm×150mm×0.5mm 的铝板毛坯冲成 9 孔零件（图 6-13）。

2）二维送料机构（十字滑台）运行到夹紧物料位置，槽型光电开关检测到物料，气动夹爪开始夹取物料后，送料机构的两轴（X轴、Y轴）伺服电动机以 20mm/s 的速度开始运行，使送料机构（十字滑台）开始退回。

3）两上下模盘定位气缸动作［此时 1 号工位的模具（圆孔模）在冲头正下方］，使上下模盘定位销导向轴插入上下模盘定位孔内，同时送料机构（十字滑台）的 X 轴伺服电动机以 20mm/s 的速度开始运行，使送料机构（十字滑台）到达 A 处。待两步动作均完成后，气液增压缸开始对模具做第一次冲孔动作。

4）完成第一次冲孔后，气液增压缸回到原点位置，送料机构（十字滑台）的 Y 轴伺服电动机开始负向运行，使十字滑台到达 B 处，气液增压缸开始对模具做第二次冲孔动作。

5）完成第二次冲孔后，气液增压缸回到原点位置，送料机构（十字滑台）的 Y 轴伺服电动机开始负向运行，使十字滑台到达 C 处，气液增压缸开始对模具做第三次冲孔动作。

6）完成第三次冲孔后，气液增压缸回到原点位置，送料机构（十字滑台）的 X 轴伺服电动机以 20mm/s 的速度开始运行，使送料机构（十字滑台）到达 D 处，气液增压缸开始对模具做第四次冲孔动作。

7）完成第四次冲孔后，气液增压缸回到原点位置，送料机构（十字滑台）的 Y 轴伺服电动机开始正向运行，使十字滑台到达 E 处，气液增压缸开始对模具做第五次冲孔动作。

8）完成第五次冲孔后，气液增压缸回到原点位置，送料机构（十字滑台）的 Y 轴伺服电动机开始正向运行，使十字滑台到达 F 处，气液增压缸开始对模具做第六次冲孔动作。

9）完成第六次冲孔后，气液增压缸回到原点位置，送料机构（十字滑台）的 X 轴伺服电动机以 20mm/s 的速度开始运行，使送料机构（十字滑台）到达 G 处，气液增压缸开始对模具做第七次冲孔动作。

10）完成第七次冲孔后，气液增压缸回到原点位置，送料机构（十字滑台）的 Y 轴伺服电动机开始负向运行，使十字滑台到达 H 处，气液增压缸开始对模具做第八次冲孔动作。

11）完成第八次冲孔后，气液增压缸回到原点位置，送料机构（十字滑台）的 Y 轴伺服电动机开始负向运行，使十字滑台到达 I 处，气液增压缸开始对模具做第九次冲孔动作。

12）加工完成。九孔冲压加工完成后，二维送料机构、转塔部件回到原点刀位位置，自动上下料机构回到下料位置，送料机构（十字滑台）的两轴伺服电动机开始运行，使得送料机构（十字滑台）运行到下料位置处，针形气缸推动物料进入料仓，然后自动上下料机构开始下降吸取物料，回到原点位置，送料机构（十字滑台）的 X 轴伺服电动机以 20mm/s 的速度开始负向运行，使送料机构（十字滑台）运行到夹紧物料位置。槽型光电开关检测到物料后，气动夹爪开始夹取物料。送料机构（十字滑台）回到原点后，开始第二块物料的加工，以此类推。三块物料加工完成后，各个机构回到原点位置。

13）在设备运行状态下，按下实训台右边面板上的"暂停"按钮，设备应完成当前正在运行的毛坯加工动作。当此动作完成后，设备停止运行，待按下实训台右边面板上的"启动"按钮后，设备接着完成暂停后的动作，继续运行整套动作。

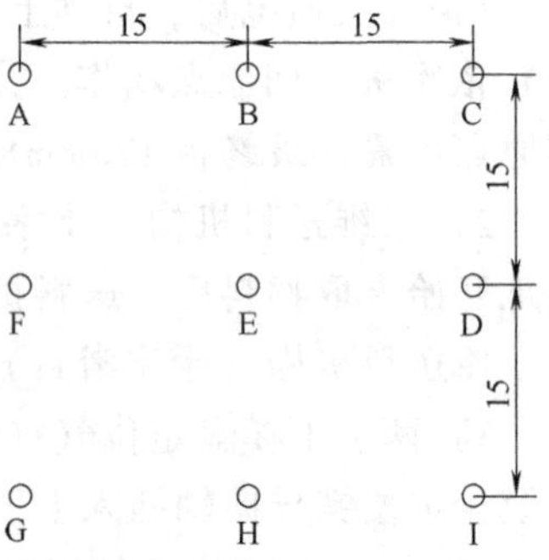

图 6-13 原程序产品图

三、线路检查、参数设置及手动功能调试

1）线路检查。依次检查电源箱的熔丝是否齐全，查看 PLC 上的接线是否在相对应的点，以及拓展模块的插口是否松动，查看伺服电动机、变频器、步进驱动器接线是否正常，查看底部接线端子的接线顺序以及是否有松动的线，工作台面与电器柜连接的两个航空插头是否松动，最后查看工作台面处接线端子的接线顺序。

2）参数设置。根据任务书要求，对变频器、伺服控制器及步进控制器相对应的参数进行设置。如果伺服电动机设置的齿轮比与赛场提供的程序不符合，可在程序中编写程序给该齿轮比或直接更改伺服电动机齿轮比的参数。

3）在自动运行前，首先要进行手动功能调试，调试顺序如下：

① 用内六角扳手手动检测各传感器是否在对应位置，通过电磁阀来控制气缸，检测各磁性开关，目的是确认各个传感器是否完好。

② 通过调整气缸上节流阀的开口大小调整气缸的推力。图 6-14 所示为推料后物料的正确位置。如图 6-15 所示，如果推力太小，产品就没法推到位置；如果推力太大，产品就会反弹，掉下来，造成机器无法正常运行。而根据实际比赛要求，这时就要中止产品加工，所以调节推料气缸是一个难点。

③ 操作控制面板上的 X+、X−、Y+、Y−按钮，这时伺服电动机应该按照操作进行动作，如果无法动作，说明硬件出现了问题，应有针对性地排除故障。如果伺服电动机出现了剧烈抖动等现象，就需要检查参数是否设置合适。

④ 通过复位功能，检查转塔步进电动机及控制器参数是否匹配，仓储三相异步电动机及变频器参数是否匹配，传感器位置是否合适。

图 6-14　推料正确

图 6-15　推料出现问题

四、设备整机功能测试与相关参数记录

1）在未装凸模的情况下，连续空载运行 3min 以上。

2）安装凸模，进行产品加工，用游标卡尺检测孔距，记录数值（表 6-4）。

表 6-4　记录表

序号	项目	要求	配分	检测记录			得分	备注
				产品 1	产品 2	产品 3		
1	技术要求 1、2	超差不得分	0.5×3					
2	整体形状完成	不完整或与零件图不符不得分	0.5×3					

3）通过靠模进行产品尺寸的检测，要求是能够放进靠模无卡阻（图 6-16）。

图 6-16　靠模方法

五、故障分析与排除练习（表6-5）

表6-5　常见故障现象及分析

名称	现　象	故　障　点
电器柜总电源	电器柜无法上电	熔丝不足三根
	电源总开关推上后,熔断器有灯亮	对应 U、V、W 灯的熔丝坏
PLC	PLC 得电后信号错乱	PLC 无 24V 输入
步进电动机	步进电动机电源灯不亮	步进电动机无 24V 电源
	Y2 有输出,但转塔不转	Y2 无 24V Y2 的线没接好
	转塔旋转的方向不对	A+、A−、B+、B−位置不对应
变频器	Y5、Y6、Y7 有输出,RUN 灯不亮,上下料机构不运行	1. SD 无 24V 2. 短路条没有接好 3. Y6、Y7 线路断开
	Y5、Y6、Y7 有输出,RUN 灯闪,无频率显示	Y5 断开
	Y5、Y6、Y7 有输出,RUN 灯闪,有频率显示	U、V、W 有断开
伺服电动机	打到手动位置,按下 X+、X−、Y+、Y−,二维不运行,但对应 Y 有信号输出	1. Y0、Y1 无 24V 2. COM1(0V)断开 3. U、V、W 动力线有断相 4. A1 松掉
	RL—03 报警	1. U、V、W 有对换的 2. 编码线对换
其他	按下操作面板上的按钮,PLC 没检测到信号	1. 接线排上的 0V 断开 2. A3 未插好
	所有传感器都无法使用 所有 Y 信号都无输出	1. 接线排上的 24V 断开 2. A2 未插好

六、任务评价（表6-6）

表6-6　任务评价

评价项目	评价内容	分值	个人评价	小组互评	教师评价	得分
理论知识	掌握调试步骤及方法	10				
	掌握源程序原理	10				
	掌握元器件参数设置	5				
实训操作	试运行稳定性	10				
	腰孔(15±0.10)mm	5				
	方孔(15±0.10)mm	5				
	圆孔(15±0.10)mm	5				
	方、圆、腰距离 15±0.10	5				

（续）

评价项目	评价内容	分值	个人评价	小组互评	教师评价	得分
实训操作	整体形状完成	5				
	产品孔无毛刺	5				
安全文明	遵守操作规程	10				
	职业素质规范化养成	5				
	"7S"管理	5				
学习态度	考勤情况	5				
	遵守实习纪律	5				
	团队协作	5				
	总得分	100				
成果分享	收获之处					
	不足之处					
	改进措施					

任务二　设备信息化管理功能的实现与调试

一、任务要求与分析

根据提供的源程序、触摸屏工程（信息化管理界面一）及界面样图，制作触摸屏工程，能够达到下列要求：

1）"开机显示界面"（图6-17）的组态及功能要求，具体如下：

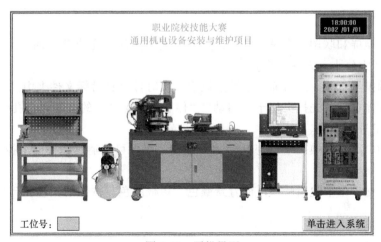

图 6-17　开机界面

① 触摸屏上电进入的第一界面为"开机显示界面"。

② "开机显示界面"的边框颜色为浅蓝色（00FFFF）。

③ 方框内填写参赛选手的"工位号"。

④ 单击"点击进入系统"按钮,可以进入"运行控制与监测界面"。

2)"运行控制与监测界面"(图 6-18)的组态及功能要求,具体如下:

① "运行控制与监测界面"的边框为红色(FF0000)。

② 触摸屏界面,分别对 X 轴运行速度、Y 轴运行速度、圆模个数、方模个数、腰模个数进行监控。按下"返回"按钮可返回到开机显示界面。

③ 按下"启动"按钮系统开始启动,"运行指示灯"一直闪烁(1Hz),产品监控图实时监控打孔情况,已打孔对应图为红色,未打孔对应图为浅蓝色(00FFFF)。

④ 按下"停止"按钮系统停止,"停止指示灯"闪烁 3s(2Hz)。

⑤ 按下"复位"按钮系统复位,"复位指示灯"亮,复位到位后"复位指示灯"灭。

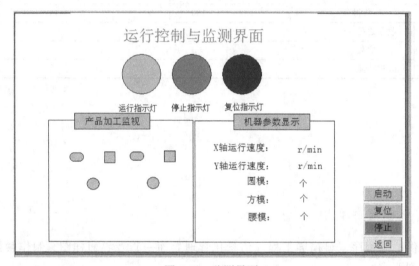

图 6-18 监测界面

二、触摸屏功能分析与实现方法

1)由于触摸屏和联调程序是关联的,为了在规定时间内完成产品加工,通常实施本环节的原则是:抓大放小,先主后次。

2)创建触摸屏工程,进行通信参数的设定,实时保存到目标文件夹中。

3)制作大体框架,先把类似于"启动""停止""复位"的按钮以及孔位的监控画好,把相对应的变量进行连接。

4)下载 MCGS 至触摸屏中,与 PLC 进行通信,确保可以通过触摸屏来控制联调程序的启动。

5)细节优化。细节包括触摸屏的背景颜色、边框颜色、按钮的颜色和孔颜色的变化。

三、设备出厂程序的分析与修改

由于出厂程序不具备信息化管理功能,所以需要在源程序基础之上编写程序,实现该功能。接下来就讲解几个例子:

(1)各孔状态及数量显示

```
1137 ─┤= K1  C2 ├────────────────────────────────────[ SET M100 ]
            孔计数

1143 ─┤= K2  C2 ├────────────────────────────────────[ SET M101 ]
            孔计数

1149 ─┤= K3  C2 ├────────────────────────────────────[ SET M102 ]
            孔计数

1155 ─┤= K4  C2 ├────────────────────────────────────[ SET M103 ]
            孔计数

1161 ─┤= K5  C2 ├────────────────────────────────────[ SET M104 ]
            孔计数

1167 ─┤= K6  C2 ├────────────────────────────────────[ SET M105 ]
            孔计数
```

（2）加工计时功能

```
   M11    X022   X011   X014   X005  X004  X006   X032    M5                    ┌ SET  M0  ┐
 ──┤├─────┤├─────┤├─────┤├─────┤├────┤├────┤├─────┤├──────┤├──────────────────┤    各电动机 │
   启动    仓储   伺服   伺服   转塔  急停  料仓   冲压   Y轴退                  │    准备完成 │
   标志    原点   电动机 电动机 步进        物料   缸原点 回原点                └──────────┘
   M50    X023          M150                                                   ┌ SET  M1  ┐
                                                                              ┤    仓储下移 │
   进入下移 下料位置       加工完成                                              └──────────┘
                                                                              ┌ RST  C2  ┐
                                                                              ┤           │
                                                                              └──────────┘
                                                                              ┌ SET M100 ┐
                                                                              ┤           │
                                                                              └──────────┘

   M100  M8013  M150                                                          ┌ INCP D100 ┐
 ──┤├────┤/├────┤/├─────────────────────────────────────────────────────────┤            │
                 加工完成                                                      └───────────┘

   M150                                                                       ┌ RST  M100 ┐
 ──┤├─────□─────────────────────────────────────────────────────────────────┤            │
   加工                                                                        └───────────┘
   完成
```

（3）达到加工数量要求后，自动停机功能

```
   M49                                                                              K5
 ──┤↑├──────────────────────────────────────────────────────────────────────────( C1 )
   推料入仓
   C1                                                                         ┌ SET  M150 ┐
 ──┤├─────────────────────────────────────────────────────────────────────────┤            │
                                                                              └ 加工完成   ┘
   X002                                                                       ┌ SET  M12  ┐
 ──┤↑├──────────┬────────────────────────────────────────────────────────────┤            │
   复位SB3      │                                                              └ 复位标志   ┘
   M82          │                                                              ┌ ZRST M0  M6 ┐
 ──┤├───────────┤                                                             ┤              │
   触摸屏        │                                                              └ 各电动机     ┘
   复位          │                                                                准备完成
   X003         │                                                              ┌ ZRST M20 M51 ┐
 ──┤↑├──────────┤                                                             ┤              │
   手动XK        │                                                              └──────────────┘
   M50   M150   │                                                              ┌ ZRST M10 M11 ┐
 ──┤↑├──┤↑├─────┤                                                             ┤ 暂停标志 启动标志│
   进入下移 加工                                                                └──────────────┘
        完成
   M50   X006                                                                 ┌ ZRST M59 M61 ┐
 ──┤↑├──┤/├──────────────────────────────────────────────────────────────────┤ 推料到位 刀库换刀│
   进入  料仓                                                                   └──────────────┘
   下移  物料
                                                                              ┌ RST  M13  ┐
                                                                              ┤ 急停标志   │
                                                                              └───────────┘
```

（4）密码功能

```
├─[D=  D0  K12345]─[D=  D4  K54321]───┤    ├────────────[ SET  M100 ]
      账号              密码                                    打开窗口
```

四、设备信息化管理功能的实现与总体调试

总体调试前，查看程序中是否提供变量。如果没有，此时需要自己编写连接变量。将编写完成的联调程序下载至 PLC 中，完成的触摸屏程序下载至触摸屏中，让两者进行通信，通信成功后由触摸屏控制程序的启动、停止以及复位。在程序运行过程中可查看相对应的监控（例如：孔位监控，冲孔个数、运行时间、二维工作台运行的速度等），检查各跳转界面的按钮功能是否正确。

五、故障分析与排除练习（表 6-7）

表 6-7 常见故障现象及分析

名称	现象	故障点
触摸屏通信	无法下载	检查网线插口 IP 地址未设置
PLC 通信	不能正常通信	程序的参数设置 连接线插头松动 PLC 通信模块接线错误或被拔出

六、任务评价（表 6-8）

表 6-8 任务评价

评价项目	评价内容	分值	个人评价	小组互评	教师评价	得分
理论知识	掌握触摸屏软件的使用方法	10				
	掌握通信方法	5				
实训操作	开机界面	10				
	运行监测界面	10				
	设置界面	10				
	产品选择界面	5				
	产品监视界面	5				
	开机界面	5				
	界面颜色及内容	5				
安全文明	遵守操作规程	10				
	职业素质规范化养成	5				
	"7S"管理	5				

（续）

评价项目	评价内容	分值	个人评价	小组互评	教师评价	得分
学习态度	考勤情况	5				
	遵守实习纪律	5				
	团队协作	5				
总得分		100				
成果分享	收获之处					
	不足之处					
	改进措施					

任务三　设备产品加工性能的优化

一、任务要求与分析

已提供两个正三角形的 6 孔加工程序，对程序进行优化，能生产 6 孔的圆形产品（图 6-19）。

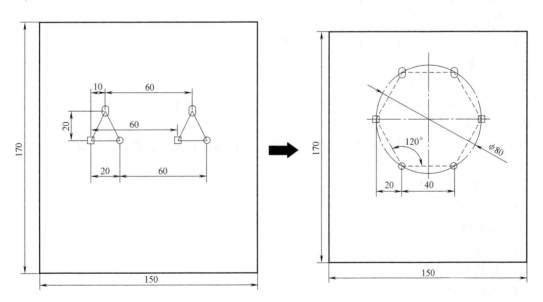

图 6-19　生产 6 孔圆形产品

二、设备产品加工性能的要素分析与优化策略

优化策略：进行程序的优化可以考虑更改运行的路径以及缩短多余的时间，在确保设备

安全运行的条件下可以适当提高设备的运行速度。更改路径可以考虑以下几点：①取料时两轴同时运行至某一个点，当仓储吸料完成回到原点以后，前往夹料；②取料完成以后二维工作台不用回到原点位置，直接运行至第一个孔的加工位置进行板料的加工；③冲孔完成后去放料，二维工作台 X 轴回原点，Y 轴可以直接运行至放料位置，两轴运行的同时仓储可以下行吸料后回到下料位置进行等待，等放料完成以后直接运行至原点位置，等待夹料后进行下一块板料的加工。根据任务要求是在规定时间内加工 N 块成品还是规定块数，看运行时间再做相应的调整。

三、电气性能及工艺流程优化

根据任务要求设置伺服电动机，交流电动机，步进电动机的参数，将参数设置好后开始在程序中进行调试，将联调程序中的速度改为自己想要调整的数值。各电动机的基本参数如下：

1. 伺服电动机

基本参数：

Cn029＝1（恢复出厂设置）

Cn001＝2（位置控制模式）

Cn002＝H0011（驱动器上电马上励磁，忽略 CCW 和 CW 驱动禁止机能）

Cn025（惯量比设置）

Pn301＝H0000（脉冲命令形式：脉冲＋方向；脉冲命令逻辑：正逻辑）

Pn302＝H0002（电子齿轮比分子）

Pn306＝H0001（电子齿轮比分母）

Pn314＝1（0：顺时针方向旋转；1：逆时针方向旋转）

不常用参数：

Cn030＝H1121（伺服电动机功率为 300W）

Hn601＝H0001［X 轴伺服驱动器的 DI-1 端口功能为伺服启动（SON）功能，且该端口在低电位时有效］

Hn604＝H0004［X 轴伺服驱动器的 DI-4 端口功能为反转方向驱动禁止（CCWL）功能］

2. 变频器

P79 运行模式选择

P1 上限频率

P2 下限频率

P6 低速运行

P7 加速时间

P8 减速时间

P9 电动机额定电流

P13 启动频率

P77 参数写入选择(0 仅限停止时可以写入

　　　　　1 不可写入参数

　　　　　2 可以在所有运行模式中不受运行状态限制地写入参数)

P78 反转防止选择(0 正转和反转均可

1 不可反转

2 不可正转)

p80 电动机额定功率

P83 电动机额定电压

P84 电动机额定频率

P160 显示其他参数

P178 STF 端子功能为正转

3. 任务参数设置

（1）伺服电动机

1）控制模式为外部位置控制模式。

2）驱动器上电马上励磁，忽略 CCW 和 CW 驱动禁止机能。

3）电子齿轮比设为 2：1。

4）X 轴电动机逆时针方向（电动机轴侧）旋转，Y 轴电动机顺时针方向（电动机轴侧）旋转。

5）伺服电动机功率为 300W。

参数：

① Cn001 = 2

② Cn002 = H0011

③ Pn302 = 2；Pn306 = 1

④ X 轴：Pn314 = 1；Y 轴：Pn314 = 0

⑤ Cn030 = H1121

（2）步进电动机

1）驱动器输出的 RMS 电流为 1.36A。

2）步进电动机静止时，驱动器为半流工作模式。

3）电动机运行一圈需 10000 个脉冲（单指电动机）。

参数：

① SW1：on；SW2：off；SW3：on

② SW4：off

③ SW5：off；SW6：on；SW7：off；SW8：off

（3）变频器

1）外部/PU 组合运行模式 1。

2）变频器运行加速斜坡时间为 2s；减速斜坡时间为 0s。

3）电动机的额定功率是 25W。

4）电动机额定电压是 220V。

5）仅在停止时可写入参数。

参数：

① P79 = 3

② P7 = 2；P8 = 0

③ P80 = 0.25
④ P83 = 220
⑤ P77 = 0

四、工艺流程优化

调整好电动机的参数以后，在不影响机器的情况下开始编写程序在程序中的运行速度。速度改变以后，开始考虑更改运动路径，尽量节约时间，大体是：

1）取料时两轴同时运行至某一个点，当仓储吸料完成回到原点以后前往夹料（在程序中将原来两轴不可一起运动的改为可以一起运动，Y 轴一定不能影响仓储下去吸料的动作，等仓储吸料完成后，Y 轴才可运行到抓料位置。等 Y 轴运行到抓料位置以后，X 轴才可以运行前去取料）。

2）取料完成以后二维工作台不用回到原点位置，直接运行至第一个孔的加工位置进行板料的加工（在程序中更改脉冲量使其直接运动到加工位置，在后面的程序中依照之前第一个点的位置更改脉冲就可以了）。

3）冲孔完成后去放料，放料完成后直接去抓料，再次运行上面的步骤进行第二块冲板。根据任务要求是在规定时间内加工 N 块成品还是规定块数，看运行时间再做相应的调整。

五、设备产品加工性能测试

对优化后的程序进行多次测试，检查其稳定性，确保在最后提交时不会出错，能够顺利完成成品工件的加工。

六、任务评价（表6-9）

表 6-9　任务评价

评价项目	评价内容	分值	个人评价	小组互评	教师评价	得分
理论知识	掌握程序调试步骤及方法	10				
	掌握源程序原理	10				
	掌握元器件参数设置方法	5				
实训操作	加工运行稳定性	10				
	$\phi(80\pm0.10)$ mm	5				
	$120°\pm0.10°$	5				
	(20 ± 0.10) mm	5				
	(40 ± 0.10) mm	5				
	整体形状完成	5				
	产品孔无毛刺	5				
安全文明	遵守操作规程	10				
	职业素质规范化养成	5				
	"7S"管理	5				

（续）

评价项目	评价内容	分值	个人评价	小组互评	教师评价	得分
学习态度	考勤情况	5				
	遵守实习纪律	5				
	团队协作	5				
总得分		100				
成果分享	收获之处					
	不足之处					
	改进措施					

项目评价与小结

1. 项目主要技术指标与检测技术及总体评价

对设备的整机联调任务实施，可以让学生分组进行，有条件的可以两人为一组进行考核。可以根据学生的装配熟练程度设定考核时间，并检查各电路元件是否完好，如有缺损，事先补齐。考核需计时。

理论知识主要通过学生作业的形式进行个人评价、小组互评和教师评价。实践操作则通过项目任务，根据各学生的完成情况，包括程序的优化、程序的运行、7S 执行情况等进行评价（表 6-10）。

表 6-10　项目评价

评价项目	评价内容	分值	个人评价	小组互评	教师评价	得分
理论知识	掌握优化程序的方法	10				
实践操作	装防护设施,加油润滑	5				
	连续试运行超过 3min	5				
	出厂程序加工产品超过 3 块	10				
	优化后形状正确	10				
	优化后加工产品超过 6 块	10				
	优化后提高加工效率	10				
安全文明	遵守操作规程	10				
	职业素质规范化养成	5				
	"7S"管理	5				
学习态度	考勤情况	5				
	遵守实习纪律	5				
	团队协作	10				
总得分		100				
成果分享	收获之处					
	不足之处					
	改进措施					

2. 项目成果小结

本项目主要讲解了空载试车、带载加工及优化程序再进行调试和加工的方法。基于学生学习情况及实际教学情况，把该项目的学习重点设定为优化产品程序（包括形状变化及路径优化）；学习难点为稳定加工出任务要求的产品数量。通过本项目的学习，学生具备了一定的编程及调试能力，对以后走上工作岗位具有十分重要的现实意义。

▶ 拓展练习

1）在出厂程序的基础上进行修改，加工如图 6-20 所示产品。

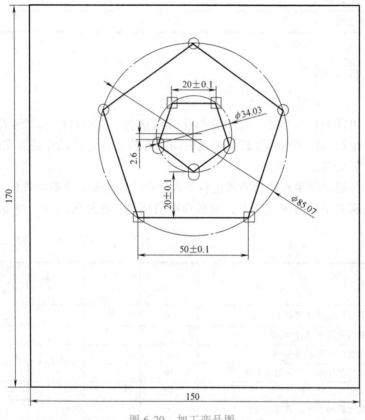

图 6-20　加工产品图

2）优化好程序后，在设备上进行调试，使设备能够稳定加工 6 块以上的产品。

参 考 文 献

［1］ 邵泽强. 机电设备装调技能训练与考级 ［M］. 北京：北京理工大学出版社，2014.

［2］ 邵泽强. 机电设备 PLC 控制技术 ［M］. 北京：机械工业出版社，2012.

［3］ 滕士雷. 机电设备装调技术训练 ［M］. 北京：清华大学出版社，2016.

［4］ 杨少光. 机电一体化设备的组装与调试 ［M］. 南宁：广西教育出版社，2009.

［5］ 浙江天煌科技实业有限公司. THMDZW-2 型使用手册.

［6］ 三菱公司. FX3GFX3UFX3UC 编制手册.

［7］ 三菱公司. 三菱 ER-700 变频器使用手册.

［8］ 昆仑通态. MCGS 嵌入版说明书.